シリーズ「デジタルプリンタ技術」

電子ペーパー

日本画像学会 編

面谷 信 監修

TDU 東京電機大学出版局

図2.12 トナー粒子移動方式の
電子ペーパー試作例
（提供：千葉大学北村氏）

図2.24 大型カラーパネル
［粒子(電子粉流体)
移動方式］

パネル厚み	1.45 mm	解像度	75 dpi
パネルサイズ	450 × 338 mm	表示色数	4096 色
ビューエリア	435 × 326 mm		

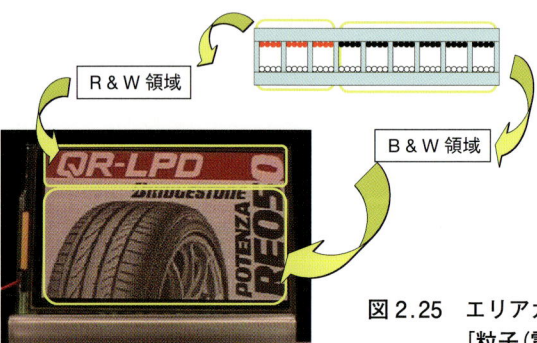

図2.25 エリアカラーパネル
［粒子(電子粉流体)移動方式］

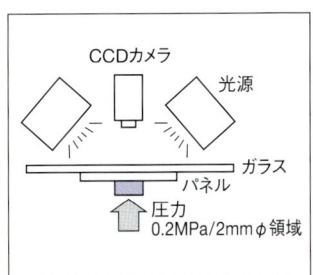
粒子(電子粉流体)移動方式
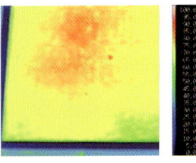
プラスチック基板液晶の場合
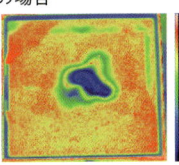

図2.27　ディスプレイに応力を加えたときの表示への影響

図2.28　ロールツーロール製法の一部
　　　　［粒子(電子粉流体)移動方式］

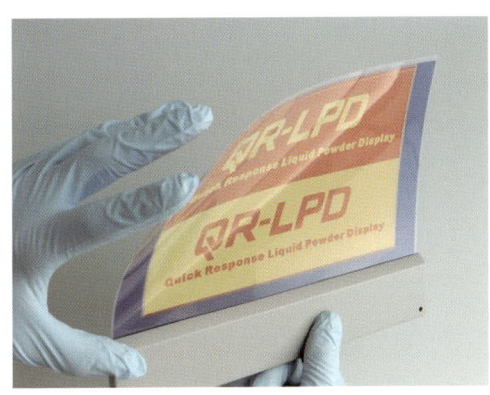

図2.29　フレキシブルパネルの例
　　　　［粒子(電子粉流体)移動方式］

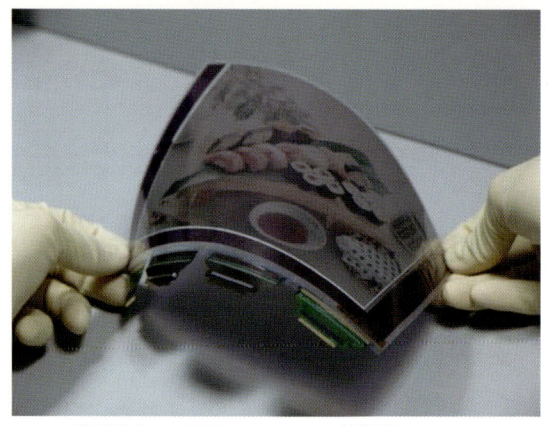

パネル厚み	0.29 mm	解像度	28 dpi
パネルサイズ	200 × 150 mm	表示色数	4096 色
ビューエリア	162 × 121 mm		

図 2.30　フルカラーフレキシブルパネルの例
［粒子（電子粉流体）移動方式］

シアン　　　　　イエロー　　　　マゼンタ

図 3.18　CMY 3 原色を示すフレキシブル EC セル

図 3.19　3 原色を示すフレキシブル EC セルの階調性

刊行にあたって

　日本画像学会は，これまで『電子写真の基礎と応用（正・続）』，『ファインイメージングとハードコピー』などを刊行し，電子写真分野における初期の研究開発をリードしてきた。近年，電子写真から始まったデジタルプリンタ技術（イメージング技術）は，画像形成のハード面からソフト面にいたるまで大きな広がりを見せ，それと同時に各分野においては個々の技術が細分化かつ深化し，この領域における技術全体が研究者・技術者には見えにくくなってしまった。そこで，日本画像学会では，今後の研究開発に貢献すべく，この複雑化したイメージング領域の技術を大胆に交通整理し，新たな視点で大きなテーマ別に固有技術を解説した書籍のシリーズ「デジタルプリンタ技術」を刊行することとした。

　このシリーズは分冊を基本とし，各巻ごと学会の部会メンバーを中心とした第一人者による執筆にて，歴史から将来展望までを連続して解説する。これまでにありがちだった教科書的単元の寄せ集めではなく，最新トピックの動向を意識しながら，基礎の原理から周辺技術にいたるまで，お互いの執筆者が連携をとりながら丁寧かつ魅力的に読者に技術を伝えていくものをめざした。分冊の構成は，版元も交えて検討した結果，以下の4テーマに絞り込んだ。これらのテーマはいずれも現在注目されている重要な技術分野であり，若干の領域を除いてイメージング技術全体をほぼ内包している。

『電子写真　——プロセスとシミュレーション——』
『電子ペーパー』
『インクジェット』
『ケミカルトナー』

各巻を読むことで最新の技術を個別に学ぶことができ，全巻を読むことでイメージング技術全体が俯瞰できるだろう。最新のテーマを分冊化して提供することで，若い技術者にとっては興味ある最新技術分野を選択して効率的に習得することができるし，専門の現場で活躍する技術者には自分の専門領域の再確認に加えて周辺分野を巻き込んだ主流テーマの全域を知ることができる。このため，若手からベテランの研究者・技術者まで満足してもらえる，懐の深い内容になっているものと自負しており，本書が企業の若手研修会や技術講習会，さらには大学や大学院での授業などにも役立つものと期待している。

　日本画像学会は，2008年6月に創立50周年を迎える。学会としては，本シリーズの刊行を50周年記念事業と位置づけ，記念出版特別委員会を設置し，さまざまな議論を重ねてきた。本シリーズが，デジタルイメージング分野のさらなる発展に資することを願ってやまない。

2008年3月

日本画像学会会長　　北村　孝司
記念出版委員長　　山崎　弘

まえがき

　「ディスプレイで本が読めるか」という従来からの疑念が電子ペーパーの概念の原点にある。ディスプレイ技術はテレビ用技術として発達し，テレビ番組を見る道具としては大きな満足感を提供するものとなっているが，テレビから派生してコンピュータ用の表示装置となったものは，文字表示装置としては疲労などの点で多くの不満点を残している。すなわち，「本気で読むなら紙」というのがこれまでの現状である。電子ペーパーは，このような現状を打破し，「本気で読める電子媒体」をめざす概念である。そのような背景もあって，電子ペーパー技術は印刷・プリンタ技術とディスプレイ技術の境界領域に属するものと位置づけられる。デジタルプリンタ技術シリーズの一冊として本書が出版されることも，そのような位置づけに根ざしている。

　当技術シリーズは教科書的な内容をめざしたものであるが，電子ペーパー技術はいまだ揺籃期にあることから，本書は成熟期を迎えた技術分野の教科書とは性格を異にし，発展途上の技術の最前線を記述したものとなっている。また，本書には電子ペーパーがこれからどのような市場でどのように普及する可能性があるかという，技術以外の面での内容をも多く掲載されている。すなわち，本書は成熟・未成熟を問わず，電子ペーパーに関して現時点で考えられるあらゆる技術，応用，展望についての網羅をめざしたものであり，電子ペーパー分野にこれから取り組もうとする方，まさに取り組んでおられる方，技術を利用したい方など，電子ペーパーに関心をもつあらゆる読者の期待に応えられるものであると信じている。

　なお，薄型の表示技術として広くとらえたときの電子ペーパーの概念の全体像のなかには，巻き取り型テレビなどを実現するためのフレキシブルな液晶やELの表示技術も含まれるとも考えられるが，本書はこのような動画映像の鮮

やかな表示を主目的とする技術をあえて本書の守備範囲外と割り切っている。これは，冒頭に述べたように本書が電子ペーパー技術による「読める電子媒体」の実現をめざす方向性に傾注した性格をもつことによる。

　本書は理系・文系の枠組みを越えた多くの執筆者の合作になるものであり，多様なテーマに対し多様な視点での内容が盛り込まれている。理工系の専門書としてはやや異質な感をもたれるかもしれないが，本書の目次構成は電子ペーパーがよって立つ分野，および関係者の専門領域の多様さを象徴するともいえる。

　電子書籍の普及を大きな目標にもつ電子ペーパーに関する本が，依然として紙で出版されることは自己矛盾ともとらえられるが，揺籃期にある本技術が，成熟した紙メディアのゆりかごを借りて成長し，やがては紙メディアに頼らない形でその専門書類が出版されるようになることが近未来の夢である。本書がそのような夢の実現に向けての一助となることを願っている。

2008 年 5 月

面谷　信

Contents

第1章 電子ペーパーの定義・分類と表示方式　1
1.1 電子ペーパーとは　1
1.2 本書で扱う電子ペーパーの範囲　2
1.3 応用分野と表示技術の交差関係　3
1.4 電子ペーパーの目標と課題　4
1.5 電子ペーパーに用いられる表示技術　7

第2章 着色物質の移動・回転による反射型ディスプレイ技術　10
2.1 電気泳動表示方式　10
2.1.1 はじめに／10
2.1.2 電気泳動の原理／11
2.1.3 粒子の帯電メカニズム／12
2.1.4 拡散電気二重層／14
2.1.5 電気泳動表示方式／15
2.1.6 電気泳動用粒子とマイクロカプセル／18
2.1.7 電気泳動表示デバイスの表示特性／20
2.1.8 表示評価技術／22
2.1.9 まとめ／23

2.2 粒子移動方式　23
2.2.1 はじめに／23
2.2.2 パネル構造／24
2.2.3 表示のしくみ／26
2.2.4 駆動原理／27
2.2.5 特徴／29
2.2.6 カラー化／31

2.2.7　フレキシブル化／33

　　　2.2.8　応用展開／34

　　　2.2.9　課題と展望／34

　2.3　ツイストボール方式 ･･ 35

　　　2.3.1　原理と製法／35

　　　2.3.2　発明の経緯／36

　　　2.3.3　電子ペーパーへの展開試行／36

　　　2.3.4　回転粒子の製法／37

　　　2.3.5　粒子回転の理論／39

　　　2.3.6　円筒型の検討／39

　　　2.3.7　磁力回転の検討／40

　　　2.3.8　ツイストボール方式の課題と展望／41

第3章　各種の反射型ディスプレイ技術　　44

　3.1　液晶方式 ･･ 44

　　　3.1.1　電子ペーパーに用いられる液晶の特質と分類／44

　　　3.1.2　コレステリック液晶／46

　　　3.1.3　双安定ネマティック液晶／51

　　　3.1.4　ポリマーネットワーク液晶／52

　　　3.1.5　ゲストホスト液晶／53

　　　3.1.6　液晶方式の課題と展望／55

　3.2　エレクトロクロミック方式 ･･ 55

　　　3.2.1　エレクトロクロミズム（EC）の原理，開発の歴史と経緯／55

　　　3.2.2　開発動向／58

　　　3.2.3　今後の課題ならびに展望／64

　3.3　MEMS方式 ･･ 65

　　　3.3.1　MEMS方式の原理・開発の歴史と経緯／65

　　　3.3.2　光干渉変調方式／65

　　　3.3.3　片持ち梁可動フィルム方式／66

　　　3.3.4　MEMS方式の課題と展望／68

3.4 エレクトロウェッティング方式 69
3.4.1 原理，開発の歴史と経緯／69
3.4.2 開発動向／71
3.4.3 課題と展望／72

第4章 書き換え表示技術と消色技術　75

4.1 サーマルリライタブル方式 75
4.1.1 サーマルリライタブル方式の開発の歴史と経緯／75
4.1.2 高分子／長鎖低分子分散型サーマルリライタブル方式／78
4.1.3 ロイコ染料／長鎖顕色剤型サーマルリライタブル方式／81
4.1.4 サーマルリライタブル記録の今後の方向／85
4.1.5 課題と展望／88

4.2 インク消色方式 88
4.2.1 開発の背景と消色インクの原理／88
4.2.2 開発と実用化の進行現状／90
4.2.3 インク消色方式の課題と展望／91

第5章 電子ペーパー用駆動回路技術　94

5.1 駆動技術の分類 94
5.1.1 パッシブマトリックス駆動方式／95
5.1.2 アクティブマトリックス駆動方式／96

5.2 各駆動方式における駆動技術 97
5.2.1 電気泳動／97
5.2.2 粉体移動／99
5.2.3 コレステリック液晶／99

5.3 駆動回路のフレキシブル化 100
5.3.1 回路転写／101
5.3.2 直接形成／102
5.3.3 有機TFT／103

第6章 電子ペーパーのヒューマンインタフェース　106

6.1 検討の背景　106
6.1.1 課題の背景と位置づけ／106
6.1.2 研究の経緯／107
6.1.3 課題の分類／108
6.1.4 作業比較実験の意義／108

6.2 紙とディスプレイの作業比較実験　109
6.2.1 紙と各種ディスプレイの作業比較（実験A）／109
6.2.2 紙とディスプレイでの文章校正作業比較（実験B）／110
6.2.3 画面の呈示形式（ページ／スクロール表示）の影響評価（実験C）／112
6.2.4 媒体の固定呈示作業と手持ち作業の比較（実験D）／114

6.3 実験結果のまとめ　116

第7章 電子ペーパーの用途展開　119

7.1 用途概論　119
7.1.1 用途の広がりと分類／119
7.1.2 電子ペーパー用の新表示技術と従来型表示技術の関係／120
7.1.3 応用分野の市場規模および立ち上がり時期／121
7.1.4 紙への置き換えをねらう技術的手段／122

7.2 電子書籍　123
7.2.1 読書専用端末の表示と機能／123
7.2.2 電子書籍の市場と現状／129

7.3 電子新聞　135
7.3.1 新聞の電子化についての整理／135
7.3.2 電子新聞の経緯と動向／139

7.4 オフィス・産業用途　148
7.4.1 オフィスや産業用途などにおける文書の現状と課題／148
7.4.2 リライタブル方式の適用事例／150
7.4.3 今後の展望と課題／155

7.5 広告・掲示用途 159
    7.5.1 広告・掲示の現状と課題／159
    7.5.2 広告・掲示用途への検討状況／160
    7.5.3 値札・POP類への適用状況／165

7.6 携帯電話・時計・その他の応用分野 166
    7.6.1 腕時計／166
    7.6.2 設備時計／167
    7.6.3 携帯電話／168
    7.6.4 USBメモリ／170
    7.6.5 その他／171

第8章 未来の電子ペーパーに期待すること　　173

8.1 はじめに―伝えるということ― 173
8.2 書籍の手触りを楽しむ 174
8.3 今すぐにでもほしい電子ペーパーの機能 176
8.4 「ルイカ」という名にこめた思い 178
8.5 電子ペーパーのユニバーサルデザイン 182

第9章 電子ペーパーの展望　　185

9.1 グーテンベルグ技術の恩恵と限界 185
9.2 デジタル技術の課題 187
9.3 電子ペーパーとユビキタスの関係 188
9.4 電子ペーパー技術の展望 189

第1章
電子ペーパーの定義・分類と表示方式

1.1 電子ペーパーとは

　電子ペーパーは，素朴には紙のような理想ディスプレイの概念をさすと単純に考えられるが，一方でその定義がわかりにくいと指摘されることも多い。実際，「電子ペーパー」という用語は，目標概念から個々の表示技術までいろいろなレベルで使用される一方，静止画用途のみに限って狭義に用いられる場合と動画まで含んで広義に用いられることもあり，混乱を招きやすい状況にある。このようなやや混沌としてみえる電子ペーパーという用語も，表1.1のように系統的な分類・整理をすればその全貌が俯瞰しやすい。

　電子ペーパーを一般に薄型・軽量の（望ましくはフレキシブルな）理想表示媒体の概念と位置づけることに異論はないであろう。この基本概念を実現するための薄型表示技術としては電気泳動方式や有機ELなどさまざまな方式がありうるが，用途として印刷物への置き換えをねらうのか，テレビやパソコンへの適用をねらうのかによって，それぞれ適合する方式は大きく異なる。すなわち，印刷物への置き換え用途に対しては，文字を中心とする静止画の表示に有利な反射・メモリ型表示技術が有利であり，映像を中心とする動画表示用途には，鮮やかなカラー表示に有利な発光型表示技術（バックライト型を含む）でかつ応答性のよいものが有利である。この際，前記の反射・メモリ型表示技術としては，別筐体の書き込み装置を使用するいわゆるリライタブルペーパー技術を用いることもできる。ただし，これは駆動回路を内蔵するペーパーライクディスプレイ技術（静止画・動画の両用途にまたがる）とは大きく異なる技術分類に属する。

表 1.1　電子ペーパーの整理

概念的名称	電子ペーパー		
形状	薄型・軽量〜フレキシブル		
用途	(A)文字・静止画（紙の置き換え）		(B)映像・動画 (TV, PC)
表示技術	反射・メモリ型表示技術		発光型表示技術 （バックライト型を含む）
	・サーマル ・光書き込みコレステリック液晶	・電気泳動 ・粉体移動 ・コレステリック液晶 ・双安定型液晶	・有機 EL ・プラスチック基板液晶
	リライタブルペーパー （表示体と駆動部が分離）	ペーパーライクディスプレイ （表示体と駆動部が一体）	
備考	← 本書の扱う範囲 →		

1.2　本書で扱う電子ペーパーの範囲

このように，電子ペーパーという概念の及ぶ広い守備範囲において用途別に最適技術が異なる現状においては，その詳細な議論は用途領域ごとに行うべきであり，具体的には文字・静止画用途と映像・動画用途とに二分して議論することが妥当である。この際，実現の切実度という点で考えると，文字・静止画用途のほうがより切迫した状況にあると考えられる。それは，ディスプレイ技術がカラー動画に関して高い表示性能を達成してテレビやパソコン用の優れた電子表示媒体を用意できている一方で，モノクロ静止画の文書を快適に読める電子表示媒体は必ずしも実現できていないアンバランスな現状を想起すれば納得できるであろう。

　電子技術の現状は，文書データの電子化や蓄積技術の整備に比べ，その閲覧手段が相対的に不備な状況にある。たとえば，学会で利用が盛んになりつつある CD 版の電子予稿集やウェブ上の電子論文誌などについても，真剣に読む際にはつい紙にプリントしたくなる，省資源に逆行した状況がそれを象徴している。すなわち，テレビ・ビデオなどの映像表示装置の快適化が進行する一方で，文書表示装置の整備は遅々としている現状にある。

　このように，電子文書表示装置に対する切迫した事情の下で，電子ペーパー

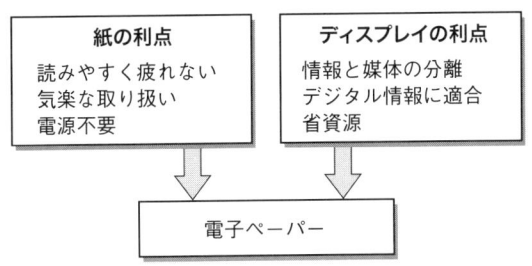

図1.1　電子ペーパーの目標概念

は，紙に代わって文書を快適に読むことのできる静止画表示技術の概念としてとらえられることが多い。本章でも取り扱い対象を静止画表示用途に絞り，表1.1の（A）の用途領域をその守備範囲として，以降の解説や議論を進める。

このような背景の下で，本章のなかで目標とされている電子ペーパーの概念は，図1.1のように紙とディスプレイの長所を両立した理想媒体をめざすものとして，象徴的に表現することができる[1~6]。

電子ペーパーという用語に関する以上の説明は，要約すると次のように書ける。「電子ペーパーは薄型軽量の表示媒体の一般的な概念であるが，とくに現状で強く望まれる紙のような読みやすさを備えた電子文書表示媒体の概念としてとらえられることが多く，それは一般に反射型でメモリ性をもつ表示技術により実現される。」

1.3　応用分野と表示技術の交差関係

電子ペーパーの守備範囲や定義を混乱させがちな他の要因として，電子ペーパーに関連する応用分野と表示技術の守備範囲の交差関係があり，それを図1.2に示す。電子ペーパーの主要な目標である印刷物への代替用途に適する反射・メモリ型表示方式として電気泳動などの新しい表示方式が開発・実用化されつつあるが，じつはその新しい表示方式はその独自性により既存の汎用ディスプレイ分野においても競争力のある市場を確保できる可能性がある。逆に，電子ペーパーのねらう印刷物の代替用途分野に対して既存の表示技術が使える部分もあり，これは既存のバックライト付きカラー液晶ディスプレイ技術によ

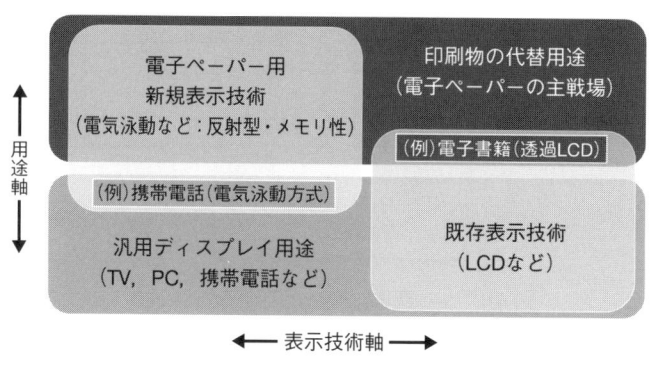

図1.2 表示技術と応用分野の交差関係

る電子書籍端末の発売例がその典型である。図1.2において上下に分類した"印刷物の代替用途 対 汎用ディスプレイ用途"と，左右に分類した"電子ペーパー用新規表示技術 対 既存表示技術"の各領域は，図に示すようにたがいに踏み込みあう関係にあることを留意すべきである。

1.4 電子ペーパーの目標と課題

学会の予稿集などをパソコンのディスプレイ上で読むことに抵抗や不便を感じる現状に対し，電子ペーパーはこれを解決し，紙の本と同様に読みやすい媒体をめざすものである。すなわち，電子ペーパーに求められている解決すべき最優先課題は，現状のディスプレイで本を読もうとしたときに不満や不便を感じる事項である。表1.2はそのような観点で現状のディスプレイに対して困っている点（すなわち，本を大きな不満なく読むために最低限必要な事柄）をレベル1としてあげ，そのうえでさらに達成を望みたいことをレベル2に分類してあげた。

レベル1の筆頭にあげた「読みやすく疲れない」の実現指針は従来必ずしも明確にされてはいない。解像度，コントラスト，白色度はよくあげられる達成目標であるが，そのような表示画面の物理指標だけで読みやすさが決定されるものではないことに注意すべきである。まず現状ディスプレイの疲労や読みにくさの原因を分析し，課題を明確化することが必要であり，この点については

表 1.2　電子ペーパーへの要望項目

レベル	要望項目	達成すべき具体事項	備考
1：現状のディスプレイで困っていること	読みやすく疲れない	読みやすい表示特性 ページ全体表示	電子書籍に求められる第1段階の課題
	気楽に持ち歩ける	薄型，軽量 壊れにくい柔軟性，堅牢性 速い立ち上がり	
	電源の心配から開放	無電力での表示維持（またはそれに準じる省電力表示），反射型表示	
2：できれば達成したいこと	カラー表示	高視認性の反射型カラー表示	用途，使用シーン拡大のための課題
	追記機能	表示性を劣化させない追記機能	
	曲げ・巻き取り	表示面・駆動面のフレキシブル化	

6章において別途述べる。紙の印刷物の気軽さや携帯性を考えると，手持ち使用や持ち運びの負担軽減のための薄型，軽量性，落下で壊れない柔軟性・堅牢性に加え，どこでもすぐ見られる立ち上がり性は要望の高い項目であろう。現状で切実な電源の心配に対しては，発光型・バックライト型は不利であり，反射型で無電力像保持の可能な方式が理想である。反射型表示に対する希望は，紙のような読みやすさ実現のための項目としてあげられることが多いが，むしろ省電力対策として切実度が高いと考えられる。

　レベル2のうちカラー表示は，レベル1の達成を前提としたうえでの達成に困難が伴う。省電力などの観点から反射型表示を用いる場合，表示面からの十分な光量を確保することが難しいため，発光型やバックライト型のディスプレイ並みに明るく鮮やかなカラー表示を実現することは，原理的に困難である。しかし，いろいろな用途でカラー化に対する強い要望が存在することを考慮するとき，できるだけ視認性の高いカラー表示を実現することは，電子ペーパーの用途を広げるうえで意義は大きい。ただし，白黒印刷の書籍が多く使われている現状を考えるとき，白黒表示機能のみの電子ペーパーにも十分な存在意義があることには留意すべきである。

　追記機能は，紙では当たり前にできる項目として，紙の置き換えをめざす電子ペーパーへの要望項目としてよくあげられる。ただし，積極的に書き込みをしたい場合には，むしろ従来どおり紙を使えばよいとの考え方もあり，用途次

表1.3 フレキシブル性のレベル分類

達成レベル		実現メリット
1	弾性あり	落としても壊れない 結果的に薄く軽い
2	曲面形成可能	曲面に表示可能
3	曲げ戻し可能	巻き取り可能 曲がる物に表示可能
4	折り曲げ可能	折りたためる

(←難易度大)

第の選択項目と位置づけられる。すなわち，追記機能なしのシンプルな電子ペーパーと追記機能をもつ多機能の電子ペーパーの両方に存在意義があると考えられる。曲げ・巻き取りの要望は，電子ペーパーの必須項目と考えられがちであるが，レベル1にあげた「壊れにくい柔軟性」，すなわち「不意な落下や曲げにより簡単には壊れない程度の最低限のフレキシブル性」の確保に比べれば，切実度がはるかに低いと考えられる。このフレキシブル性に関しては，用途面から要求される達成レベルを明確にしておく必要がある。フレキシブル性によって，どのようなメリットを実現したいかによって，目標とする達成レベルは表1.3に示すように4段階に分けて考えることができる。このレベル分類のうち第1段階の「弾性あり」を，前述のように電子ペーパーの当面の目標と考えるべきである。少なくとも"電子ペーパー＝紙のように折り曲げられる"ということではない。第3段階の「曲げ戻し可能」が達成されるとコンパクト性の点で意義が大きいが，実現のための技術的なハードルはかなり高い。第4段階の「折り曲げ可能」に関してレベル分類上は記載したが，ディスプレイ媒

体に折り目を付け再度延ばして使うことの技術的困難性とその限定的メリットを考えるとき，むしろ電子ペーパーの目標外レベルと割り切るべきであろう。折りたたみを実現したい際には，コンパクトな蝶番を巧妙に使うほうが得策と考えられる。

　以上，電子ペーパーに何が望まれているか，何を優先して達成すべきかについて一般論を述べたが，実際には用途と製品コンセプトによって優先順位は個々のケースに応じて決められるべきものである。

1.5　電子ペーパーに用いられる表示技術

　前節で整理した電子ペーパーへの要望項目を満足するためには，一般に反射型で表示のメモリ性をもつ表示方式が有利であり，そのような特質を備える新たな表示方式の開発が盛んに進められている。たとえば，2004年発売の電子書籍で初めて実用化された電気泳動記録方式[7]は，図1.3に示すように，マイクロカプセル中に封入された絶縁性液体中の帯電粒子を電界により移動させて表示を行うもので[8,9]，反射型，メモリ性，高視認性，薄型軽量という原理的な特徴から，表1.2にあげたレベル1の希望事項の多くを満足しつつある。

　また，同じく2004年発売の電子書籍に採用されたコレステリック液晶方

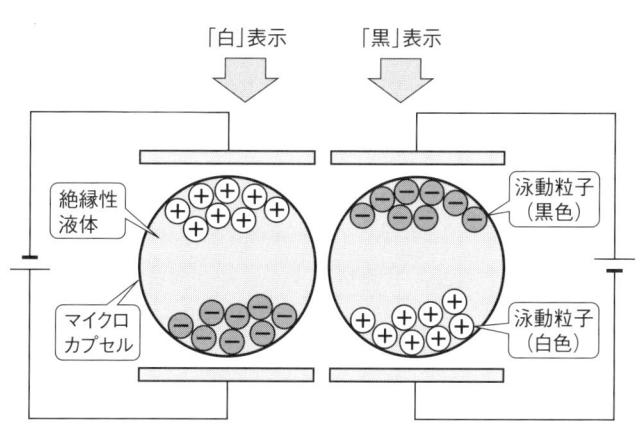

図1.3　マイクロカプセル型電気泳動表示の基本原理

表1.4 電子ペーパーの候補技術（駆動手段と媒体変化の組合せ）

媒体 駆動	物理変化					化学変化
	粒子レベル		分子レベル		形状レベル	
	移動	回転	移動	回転		
電界	電気泳動 粉体移動	ツイストボール		液晶	エレクトロウェッティング	エレクトロクロミズム，エレクトロデポジション
磁界	磁気泳動 磁気感熱	磁気ツイストボール				
光				液晶		フォトクロミズム
熱				液晶		可逆感熱

式[10]は，プレーナ状態（液晶分子のらせん軸が基板に垂直）とフォーカルコニック状態（液晶分子のらせん軸が基板に平行）という2つの安定状態をもつことにより，おのおのの状態が無電界で保持できる性質を有しており，反射型，メモリ性あり，薄型軽量という特徴により，電気泳動方式と同様，とくに「電源の心配から開放」（表1.2）を達成している。

　電子ペーパーの候補技術として，ほかにもさまざまな方式の開発が進められている。表1.4は，電子ペーパーの候補技術として考えられるさまざまな反射型の表示技術候補技術を，「駆動手段」と「媒体変化」の組合せとして網羅的に整理したものである。表中には，自身で書き換え能力をもつペーパーライクディスプレイ型のみならず，プリンタ的な書き換え装置を別途必要とするリライタブルペーパー型（感熱型[11,12]が典型例）の技術も含まれている。さまざまな候補技術の存在が示されている一方，表中に多数残る空欄は，さまざまな新方式の提案の余地を予感させる。

　電子ペーパーのこのように多様な候補技術は，1つの表示方式に淘汰集約されるべきものではなく，各種方式が併存するプリンタ方式と同様，多様な用途別に棲み分けがなされていくものと考えられる。たとえば，プリンタの世界はインクジェット方式，レーザー方式，感熱方式などの複数の方式が画質，スピード，コストの違いによりうまく使い分けられている棲み分け状態にある。電子ペーパーの分野においては，今のところ，電子書籍や広告媒体などへの実用

化の進行状況としては，電界駆動による媒体中の粒子移動を利用する組合せ（表の左上隅）が先行する現状が見られるが，今後の棲み分け関係は未知数の段階にある．表中にあげた個々の方式の主要なものに関し，2 章以降においてその開発・応用動向を詳述する．

▼参考文献

1) 塩田玲樹：「デジタルペーパー」，電子写真学会 1997 年度第 3 回研究会，p.26，1998.
2) 面谷　信：「ディジタルペーパーのコンセプトと動向」，日本画像学会誌，128 号，pp.115-121，1999.
3) 面谷　信：「デジタルペーパーのコンセプト整理と適用シナリオ検討」，日本画像学会誌，137 号，pp.214-220，2001.
4) 面谷　信：「電子ペーパーの現状と展望」，『応用物理』，**72**(2)，176-180，2002.
5) 面谷　信：『紙への挑戦　電子ペーパー』，森北出版，2003.
6) M. Omodani：What is Electronic Paper：The Expectations, SID 2004 Digest, pp.128-131, 2004.
7) 太田勲夫：特公昭 50-15115.
8) B. Comiskey, J. D. Albert, J. Jacobson：Electrophoretic Ink：A Printable Display Material, SID 97 Digest, pp.75-76, 1997.
9) Eiji Nakamura, *et al.*：Development of Electrophoretic Display Using Microcapsulate Suspension, SID 98 Digest, pp.1014-1017, 1998.
10) 橋本清文：「コレステリック液晶を用いた電子ペーパー技術」，日本化学会第 85 春季年会講演予稿集，p.597，2005.
11) 堀田吉彦：「リライタブルマーキング技術の最近の動向」，電子写真学会誌，**35**(3)，148-154，1996.
12) 筒井恭治：「長鎖分子がロイコ色素の発色消色を制御するリライタブルペーパーの開発」，『応用物理』，**73**(11)，p.1437，2004.

第2章 着色物質の移動・回転による反射型ディスプレイ技術

2.1 電気泳動表示方式

2.1.1 はじめに

　電気泳動は，溶液中にある荷電物質が電場の下で静電気力を受けて移動する現象である。溶液としては水溶液あるいは非水溶液の場合があり，移動する荷電物質としては荷電粒子あるいは分子が対象となる。水溶液を用いた系では，ゲル電気泳動法があり，水溶液中のタンパク質やペプチドを電場中で移動させることにより分子量に応じて分子を分離する手段として用いられている。また，非水溶液中に分散された荷電粒子の移動を利用した電気泳動には，静電潜像を可視化する電気泳動現像法と電気泳動表示法がある。前者の電気泳動現像法は通常，液体現像法あるいは湿式現像法とよばれ，電子写真感光体上に形成した静電潜像を可視化する現像方法として電子写真方式カラープリンタや電子写真製版機に用いられている。後者の電気泳動表示法は，帯電粒子が電極間を移動することにより文字や画像の表示を行うもので，電子ペーパーの表示技術として実用化されている。
　電気泳動表示方式では，一方が透明な2つの電極を平行に並べてできた空間に荷電粒子を分散した絶縁性液体を満たしたのち，両電極間に電圧を印加すると電気泳動により粒子は，その電荷の符号と大きさに応じて電極側へ移動することを原理としている。いま，正極性に帯電した白色粒子と負極性に帯電した黒色粒子の2種類の粒子を絶縁性液体中に分散させると，負電極側へは白色粒子が，正電極側へは黒色粒子が移動して電極表面に付着する。次に，印加電圧の極性を逆にすると，それぞれの粒子は電極表面から離れて反対側の電極へ移動する。このようにして一方の透明電極側から観察すると負極性に電圧印加し

たときに白色を表示し，正極性にすると黒色に見える。このような表示を行う微少な表示セルをたくさん並べて，それぞれの印加電圧を制御することにより文字や画像を表示することができる。このような電気泳動表示方式は，1969年に日本において特許出願されている[1]。この電気泳動表示方式における帯電粒子の液体中での移動や表示性能を理解するためには，電気泳動の原理や液体中での帯電のようすを理解する必要がある。本節では，帯電粒子の移動を原理とする電気泳動表示方式による電子ペーパーについて説明する。

2.1.2 電気泳動の原理

いま，平行に配置された2つの電極間に荷電粒子を分散した電気泳動分散液を注入する。その後，両電極間に直流電圧を印加すると，荷電粒子は電場から力を受けて移動を始める。電荷量 q をもつ粒子は電場 E から qE の力を受け，粒子はしだいに速度を増すが，液体との粘性抵抗とつりあったところで，粒子の速度は一定となり等速運動を行う。この速度を電気泳動速度 v とよんでいる。粘性率 η の液体中を半径 a の球形粒子が速度 v で動くときは，$6\pi\eta a v$ のストークス抵抗を受けることが知られている。したがって，2つの力のつりあいは次式で示される[2]。

$$qE = 6\pi\eta av \tag{2.1}$$

式(2.1)から電気泳動速度 v は，次式で示される。

$$v = \frac{qE}{6\pi\eta a} \tag{2.2}$$

電界強度 E があまり大きくない範囲では，電気泳動速度 v と E は比例する。したがって，速度 v を E で割った電気泳動移動度 μ は次式で示される。

$$\mu = \frac{v}{E} = \frac{q}{6\pi\eta a} \tag{2.3}$$

いま，粒子の電荷量 q は $q = 4\pi a^2 \sigma$（ここで，σ は粒子の表面電荷密度）とすると，電気泳動移動度 μ は次式で示される。

$$\mu = \frac{2a\sigma}{3\eta} \tag{2.4}$$

式(2.2)から電気泳動移動度を増加させるためには，粒子の電荷量と電界強度 E を増加させ，液体の粘性率を低下させることが必要である。また，式(2.4)

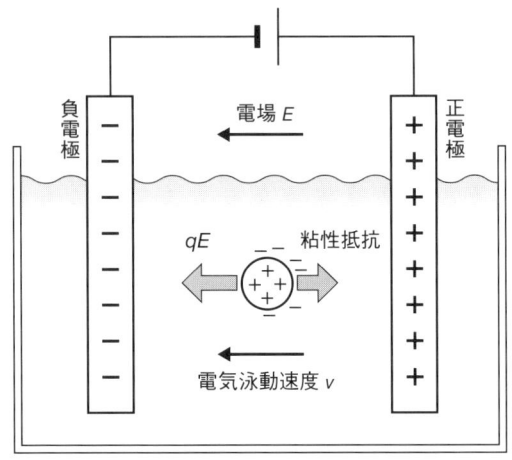

図2.1 液体中での粒子の電気泳動

から粒子サイズを大きくすると電気泳動移動度が増加することがわかる（図2.1）。

ここで注意すべき点は，一般に粒子のまわりに拡散電気二重層とよばれるイオン雲が存在することである。このイオン雲には粒子表面の電荷と反対符号の電荷をもつ対イオンが多く存在し，電場による粒子の移動方向の力と反対の方向の力が働くことになる。したがって，粒子の移動速度は式(2.2)で求めたものよりも遅くなることがあることに注意しなければならない。

2.1.3 粒子の帯電メカニズム

水溶液中および非水溶液（油）中での粒子の帯電について考える。いずれもイオンが帯電を支配しているが，粒子表面の性質により帯電が決定される場合と，系に添加されたイオン性界面活性剤の働きにより帯電極性や帯電量が決定される場合がある。

(1) 粒子表面の電離性基の電離

カーボンブラックなどの粒子表面には多くの極性基が存在している。粒子表面は水中で，これらの極性基の解離により帯電する。たとえば，酸性カーボンブラックは表面に -COOH, -OH, C=O などの極性基をもち，水中で負帯電性を示すことが知られている。

(2) 正または負イオンの選択的吸着

非水溶液中には添加された界面活性剤が解離した少量のイオンが存在している。固体表面が正イオンを優先的に吸着すると粒子は正に帯電し，負イオンが吸着すると負に帯電する。このように，粒子に吸着する電荷制御剤の吸着部位により極性が決定される。

(3) 酸塩基解離

酸性基をもつ固体表面と非水溶液中に溶解した塩基性物質が界面で酸塩基解離することにより粒子が負に帯電する。逆に，塩基性基をもつ固体表面と溶液中に溶解した酸性物質を界面で解離させると粒子が正に帯電する。たとえば図2.2に示すように，粒子の表面物質としてジメチルアミノエチルメタクリレートを成分に含む共重合体（塩基性アミノ基を含む）とし，溶媒にメタクリル酸を含む共重合体（酸性基を含む）を溶解した系を用いると，粒子は正に帯電する[3]。粒子表面に吸着するポリマーの極性基としては，以下のようなものがある。

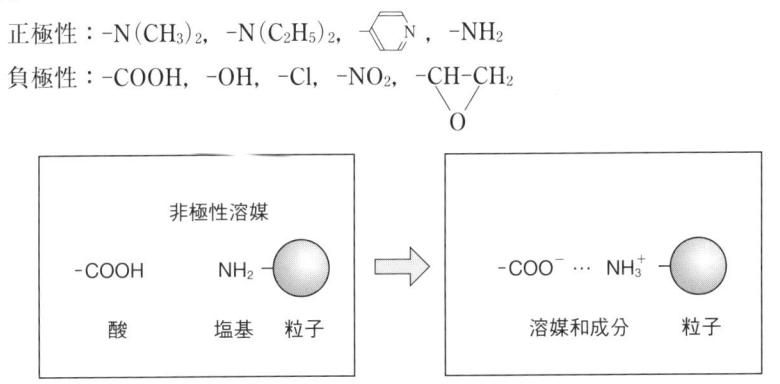

正極性：$-N(CH_3)_2$，$-N(C_2H_5)_2$，$\underset{}{\bigcirc}N$ ，$-NH_2$

負極性：$-COOH$，$-OH$，$-Cl$，$-NO_2$，$-CH-CH_2$
$\diagdown\diagup$
O

図2.2 酸塩基解離の概念図

(4) その他

界面活性剤を用いない単純な系では，溶液と粒子の誘電率の相対的な大小により帯電極性が決定されることも報告されている。さらに，溶液中に存在する水分や粒子表面に吸着している水分によるイオンの影響は大きいとの報告もある[2]。また，液体中の粒子の帯電は粒子と液体の仕事関数の差によるとの報告もある。

2.1.4 拡散電気二重層

　帯電した粒子が液体中に分散している系は，全体としては電気的に中性になっている。多くの場合，粒子はもともと粒子表面に存在する解離基や液体から吸着したイオンによって帯電している。したがって，粒子表面の電荷と反対符号の対イオンが表面近くに集まってくる。そのため，粒子の表面電位 ϕ_0 は対イオンの電位によって打ち消されて，全体として中和されている。対イオンは，粒子表面に直接吸着している固定層（シュテルン層）と，熱運動やエントロピー効果によって粒子表面からある一定の範囲に拡散している拡散層からなっている。その構造を図2.3に示し，このような構造を拡散電気二重層（electrical double layer）とよんでいる。粒子と同符号のイオンは拡散層内に分布するが，粒子との反発により粒子に近づくほどその濃度は低くなる。電気泳動などで粒子が液中を移動するとき，固定層は粒子とともに動くが，拡散層はひずみを受けて部分的に切り離される。この場所での電位を界面動電位（ζ電位，ゼータ電位）とよび，粒子についてくるイオンと切り離されるイオンとの境目をすべり面とよんでいる。たとえば電圧印加による泳動の場合には，粒子と逆帯電のイオンは粒子と反対方向に移動しようとするが，ある程度粒子の近くにいる逆帯電イオンは，粒子との結びつきを断ち切れずに粒子と同方向に泳動す

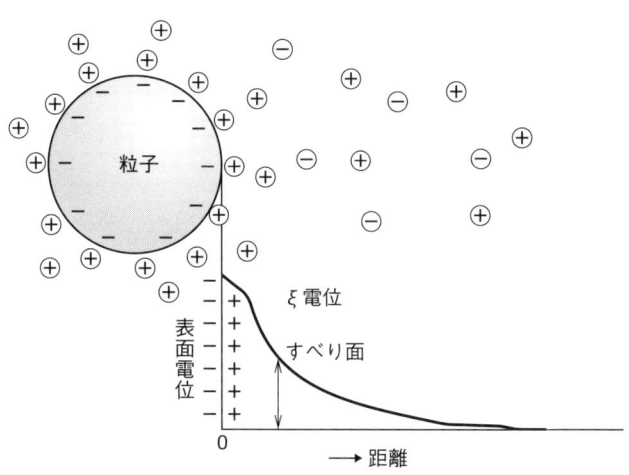

図2.3　拡散電気二重層

る。さらに粒子の速度が速くなったり，系に高電圧が印加されたり，逆帯電の粒子が存在したりするような系では，この電気二重層も複雑に歪むことが考えられる[4]。

いま，拡散電気二重層の厚さを $1/\kappa$ とすると，ゼータ電位 ζ は次式で表される。

$$\zeta = \frac{q}{\varepsilon a} - \frac{q}{\varepsilon(a+1/\kappa)} = \frac{q}{\varepsilon a(1+\kappa a)} \tag{2.5}$$

油中では $1/\kappa$ は大きいので $a \ll 1/\kappa$ となり，ゼータ電位 ζ は次式で表される。

$$\zeta = \frac{q}{\varepsilon a} \tag{2.6}$$

式(2.6)を式(2.3)に代入すると，電気泳動移動度 μ は次式で表される。

$$\mu = \frac{\varepsilon \zeta E}{6\pi \eta} \tag{2.7}$$

この式から，ゼータ電位が高いほど大きな電気泳動移動度 μ を示すことがわかる。

2.1.5 電気泳動表示方式

図2.4に電気泳動表示方式電子ペーパーの模式図を示す。少なくとも一方が透明な一対の電極を適当な間隔で対向させ，その間隙に電気泳動分散液を封入

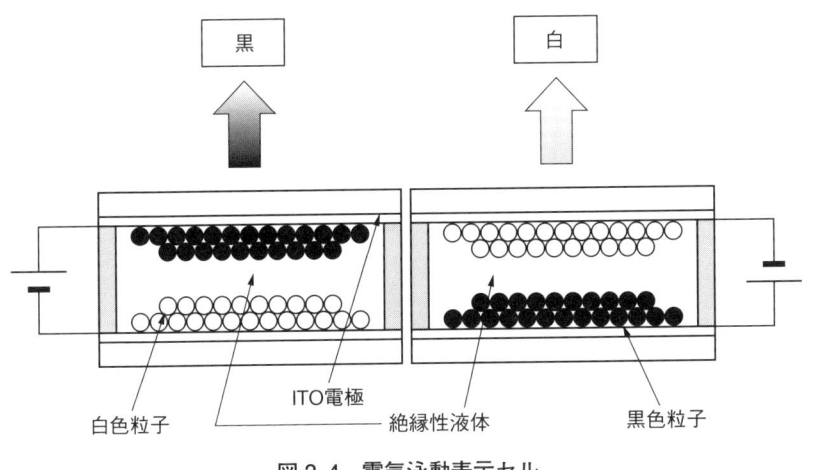

図2.4 電気泳動表示セル

する。この分散液は，絶縁性の透明な液体中に白色と黒色の顔料粒子を分散させたものである。ここで，白色粒子と黒色粒子をそれぞれ正と負に帯電させるような条件を設定し，対向電極間に電位差を与えると，荷電粒子は電界の方向によって一方の電極へ引きつけられ，電極表面上に堆積する。このとき，観測者には透明電極を通して顔料粒子の白色または黒色が観察される。したがって，電極に印加する電圧を画素ごとにコントロールすることで画像表示を行うことができる。また，着色した液体中に白色粒子を分散させた液を封入した電気泳動ディスプレイも研究開発されている。白色粒子が電圧印加により一方の電極へ引きつけられると観測者には透明電極を通して白色が観察され，白色粒子を対応電極へ移動させると着色液体の色を観察することができる。

電気泳動表示方式電子ペーパーでは，観測者は電気泳動分散液層の表面のコントラスト変化を表示として認識している。したがって，液晶に見られるような視野角度差による色相変化はなく，どの角度から見ても均一な表示を得ることができる。さらに，色表現の媒体が顔料粒子であることから，眼に優しい自然な色合いをもち，印刷物に近い表示が可能となる。その他，高コントラスト，低消費電力，構造が簡単なことに起因する低コスト，大型表示デバイス製作の容易さなども電気泳動表示方式電子ペーパーの特徴としてあげられる。

(1) マイクロカプセル型の電気泳動方式

電気泳動分散液は長期間保存すると分散された粒子どうしが凝集を起こし，巨大な粒子の塊になると再分散が不可能となり表示ができなくなる。そこで，粒子の凝集を防ぎ，再分散を可能にする方法として，カプセル化が提案された[5,6]（図2.5）。

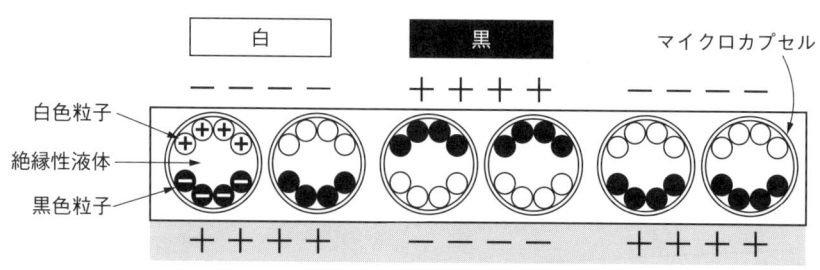

図2.5　マイクロカプセル型電気泳動表示セル

透明なマイクロカプセル内の絶縁性液体中に黒色粒子と白色粒子を入れ，透明な電極上に敷き詰めて薄膜を形成してある。カプセルをはさんだ電極に電圧を印加することにより，粒子を逆方向へ電気泳動させて黒と白からなる画像を表示するものである。白色粒子および黒色粒子には，それぞれ酸化チタンおよびカーボンブラックの微粒子を用い，絶縁性液体中でたがいに逆極性の電荷をもち安定に分散している。このマイクロカプセルをITO電極付きの基板上に樹脂をバインダーとして塗布する。上部電極に正電荷パターンを印加すると負帯電の黒色粒子はマイクロカプセルの上部へ移動し，画像や文字を描くことができる。そして，全面に負電荷を与えると，正帯電の白色粒子はマイクロカプセルの上部へ移動するので表面が白色となり，画像の消去が行われる。マイクロカプセル型電気泳動方式は，内包粒子の凝集と沈殿の問題をカプセル化により解決した優れた方式である。液体中での粒子の泳動速度が遅いため表示応答性が悪いことと，電気泳動に閾値がないために外部電圧制御に工夫が必要であることが課題である。さらに，最近では白黒表示のマイクロカプセルの上部に3色カラーフィルタを付けたカラー表示の研究が行われ，4096色の表示が可能であることが報告されている。

(2) マイクロカップ型電気泳動表示

酸化チタン粒子を着色絶縁性液体中に分散した電気泳動液体を微小なカップの中に封入した構造となっている。マイクロカップの大きさは60〜180 μm，深さは15〜40 μmである。カップは透明電極上に紫外線硬化樹脂を塗布後，型押しし，紫外線照射により硬化させて作成する。解像度は110 dpi，画素数160×160，コントラスト10：1の試作パネルが印加電圧40〜60 Vで動作することが確認されている[7]（図2.6）。3種類の着色液体，表面型電極の組合せによるカラー表示が提案されている。

(3) 表面電極型電気泳動方式

電子写真用液体トナーを表面に設置した電極間で移動させることにより表示を行う方式が報告されている。基板上に第2駆動電極を設置し，その上に白色の光散乱層を塗布する。その上に，細い第1駆動電極を設置し，さらにその上に透明絶縁層を塗布して表面駆動電極シートとする。この電極シートと対向電極で構成するセル中に液体トナーを入れる。液体トナーは，イソパラフィン系

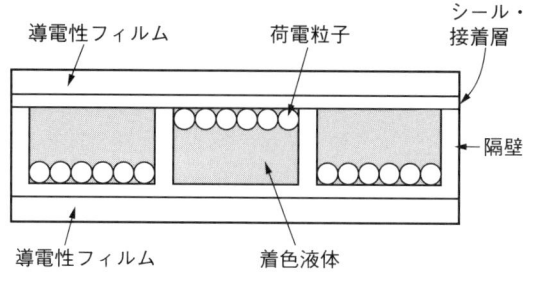

図2.6 マイクロカップ型電気泳動表示セル

　透明絶縁性液体に粒子径1.5 μmの顔料粒子を分散させたもので，トナーは電荷をもっている。いま液体トナーが正帯電と仮定すると，第1駆動電極に負極性の電圧を印加したときトナーは細い電極上に引きつけられる。次に，第1駆動電極を正極性に印加したときトナーは第1駆動電極間に付着するために，上部からみると黒く見える。このように電圧の極性を変化させることにより，白と黒の表示を行うことができる[8]。

(4) その他
　電気泳動粒子を含む電気泳動分散液をゼラチンで包括固定化した電気泳動素子の研究も報告されている[9]。

2.1.6 電気泳動用粒子とマイクロカプセル
(1) 電気泳動用粒子の作製
　電気泳動用粒子としては絶縁性有機溶媒（イソパラフィン系溶剤）中に安定に分散し，かつ適当な帯電性を示すことが必要である。分散安定性には粒子表面に高分子ポリマーを吸着させたり，表面グラフト反応法により高分子ポリマーを成長させることにより実現している。たとえば，粒子表面に芳香族アミン類，フェノール類などが露出する（有機）顔料粒子はジアゾカップリング反応により4-ビニルアニリンをカップリングさせ，表面に酸化ケイ素や酸化チタンなどが露出する（無機）顔料粒子は3-(トリメトキシシリル)プロピルメタクリレートをカップリングさせることで粒子表面にビニル基を導入する。ビニル基が表面に導入された顔料粒子は2-エチルヘキシルメタクリレートやラウ

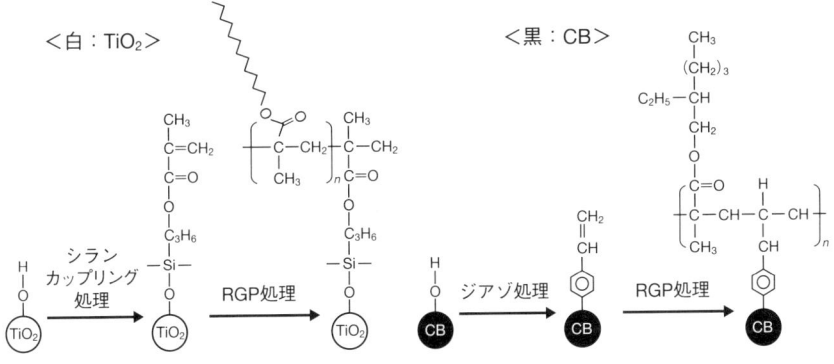

図 2.7 樹脂被覆粒子の作製

リルメタクリレートあるいはオクタデシルメタクリレートなどをラジカル重合にてグラフトさせることが行われている。これら粒子表面に修飾された樹脂は絶縁性液体中に溶解し、ヒゲのような構造をとるとされている。このことにより粒子どうしが近接すると立体障害によりたがいに反発しあい、凝集を防ぐ役割をする。図 2.7 に樹脂被覆粒子の作製手順を示す。

(2) マイクロカプセルの作製

電気泳動表示素子用の粒子はマイクロカプセルに内包することで電気泳動粒子の凝集や局所的濃度変化を防ぎ、電気泳動表示のくり返し特性を向上させることが可能である。また、素子作製の際に固体あるいはスラリー状のインクとして取り扱うことが可能になり、生産性の自由度が向上することも特徴である。マイクロカプセルの作製は図 2.8 に示すように、まず、ゼラチン水溶液の連続相中で分散相（電気泳動粒子分散液）を安定したエマルションとし、その後、アラビアゴムを投入する。連続相のゼラチンおよびアラビアゴムの濃度を適切な濃度に調整し、pH をゼラチンの等電位点以下に調整すると、静電的相互作用によりゼラチン－アラビアゴムのポリマーコアセルベート滴が生成する。ポリマーコアセルベート滴は分散相と連続相の界面を安定化させるようにその界面に選択的に吸着する。その後、徐冷することでポリマーコアセルベートは固化し、マイクロカプセル様の状態となる。この状態のまま、グルタルアルデヒドやホルムアルデヒドなどの架橋剤を用いてゼラチン間架橋の反応をさ

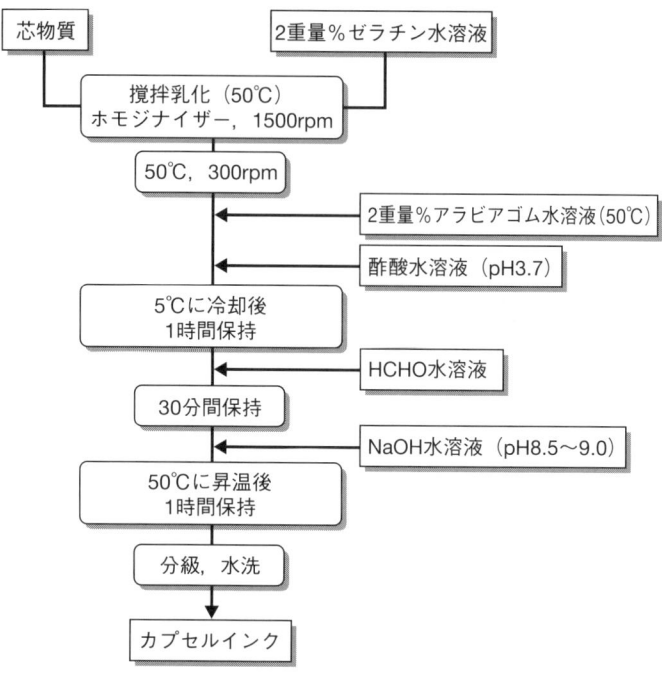

図2.8 マイクロカプセルの作製

せ，さらにpH調整によりゼラチン－アラビアゴム間架橋のメイラード反応により電気泳動分散液内包マイクロカプセルを得ることができる。

2.1.7 電気泳動表示デバイスの表示特性

図2.9にマイクロカプセル型電気泳動表示デバイスの白表示および黒表示のようすと電圧切り替え時の反射率の変化を示す。酸化チタン白粒子およびカーボンブラック黒粒子を絶縁性液体中に分散した電気泳動分散液を，ゼラチンにてカプセル化したカプセル化インクを作製し，透明電極を貼り合わせて表示デバイスを作製している。白色反射率53％，コントラスト19.5で，良好な表示特性を示している。また，表示の応答時間は黒から白表示への変化時で250ミリ秒，白から黒表示への変化時で100ミリ秒であった[10]。

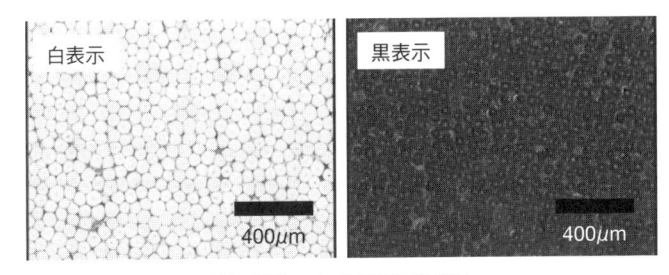

白表示　黒表示　400μm　400μm

電気泳動による表示切替状況

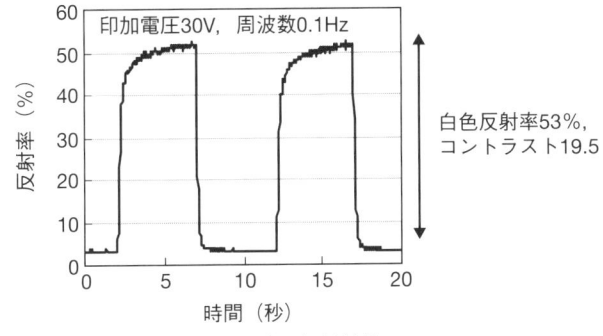

印加電圧30V，周波数0.1Hz

反射率（％）

時間（秒）

白色反射率53％，コントラスト19.5

電気泳動による表示切替状況

図2.9　マイクロカプセル型電気泳動表示素子の表示

パターン電極

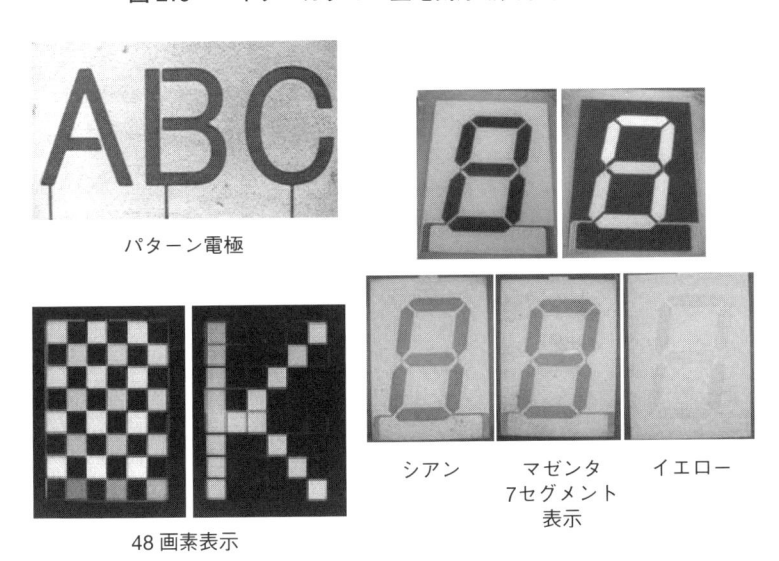

48画素表示

シアン　マゼンタ　イエロー
7セグメント
表示

図2.10　マイクロカプセル型電気泳動表示素子の表示例

2.1　電気泳動表示方式

また，図 2.10 に，文字パターン電極を用いた英文表示，7 セグメントカラー表示による時計表示および縦 48 画素，横 48 画素からなるマトリックス表示の例を示す。いずれも良好な表示である。

2.1.8 表示評価技術
(1) 電気泳動表示特性測定装置
電気泳動表示デバイスに電圧を印加したときの反射スペクトルを連続的に測定し，さらに表示面のようすを顕微鏡にて観察できる表示特性装置が製作されている。この装置により白および黒表示時の反射率，反射スペクトル，応答性，くり返し特性を測定することができる。

(2) 電気泳動粒子の直接観察
表面型透明平行電極を有する 2 枚のガラスで構成する空隙に電気泳動分散液を封入し，電圧印加時の粒子の移動を上部から光学顕微鏡にて観察することにより，移動速度を求める測定装置が製作されている。粒子の移動をビデオ画像にて取り込み，画像処理により粒子の移動速度および移動度を求めることができる。また，図 2.11 に示すように，1 個の電気泳動カプセルを光学顕微鏡下に置き，カプセルの左右に針電極を設置して電圧を印加することによりカプセル内の粒子の移動や挙動を観察することができる。この技術によりカプセル内での各粒子の動き，液体の対流や乱流などの電気流体的挙動を観察することが可能である。

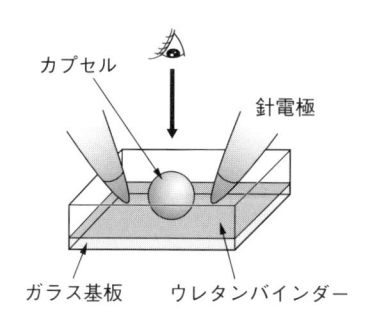

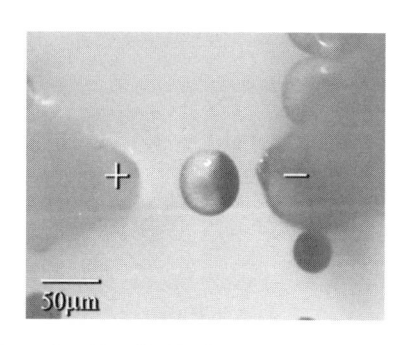

図 2.11 マイクロカプセル内の粒子移動観察

(3) 電気泳動電流測定

電流増幅器，メモリスコープおよびコンピュータから構成される電気泳動電流測定装置により，電気泳動セルに電圧を印加した際に流れる電気泳動電流が測定されている。モデル粒子を用いたとき明確な折れ曲がり点を有する電流が測定され，走行時間から移動度を求めることができる。また，電極に絶縁層を設けて電極からの注入電流を阻止することが，電気泳動の安定化には必要であることが示されている。

2.1.9 まとめ

溶液中にある荷電物質が電場の下で移動する電気泳動について説明し，この原理に基づく電子ペーパー技術について説明した。液体中での粒子の分散安定性向上と帯電制御が粒子表面のポリマー修飾により行われ，さらにマイクロカプセル化することにより電気泳動表示方式電子ペーパーとしての表示性能を大きく向上させている。

2.2　粒子移動方式

2.2.1　はじめに

粒子移動方式の電子ペーパーとは，透明基板を介して粒子が保有する色を見ることにより画像として認識させ，また，その粒子を気体中で移動させることで画像を切り替える方式の電子ペーパーである。粒子が移動するという点では電気泳動方式と似ているが，大きく異なる点は，粒子が液体中ではなく気体中を移動することである。したがって，粒子移動方式特有の応答速度が速い，比較的温度変化の影響を受けにくいなどの特徴が現れてくる。

本方式については，千葉大学[11~14]，富士ゼロックス[15~18]，ブリヂストン[19~21]などが精力的に開発を行っている。図2.12（口絵）は千葉大学，図2.13は富士ゼロックス，図2.14はブリヂストンが発表している粒子移動方式の電子ペーパーである。富士ゼロックスは，早い段階で本方式に取り組み，明確な閾値（ある印加電圧で急激に粒子が動き出す）（図2.15）を有することを明らかにするなど，いち早く，有望な電子ペーパーのひとつであることを証明した。千

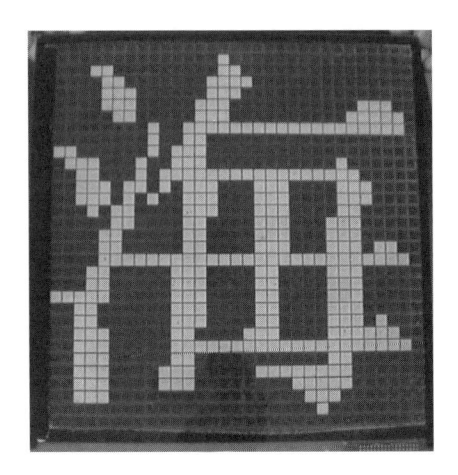

図2.13 富士ゼロックスの電子ペーパー
出典:重廣,山口,町田,酒巻,松永:日本画像学会 Japan Hardcopy 2001, 135 (2001)

図2.14 ブリヂストンの電子ペーパー QR-LPD

葉大学の北村らはカラーフィルタを使わないカラー表示を報告している。ブリヂストンは,実用化に向けた取り組みを着実に進めている。

2.2.2 パネル構造

パネル構造は,図2.16に示すように,色と帯電性の異なる2種類の粒子を,電極を有する2枚の透明基板間に封入した構造となる。2種類の粒子とは,た

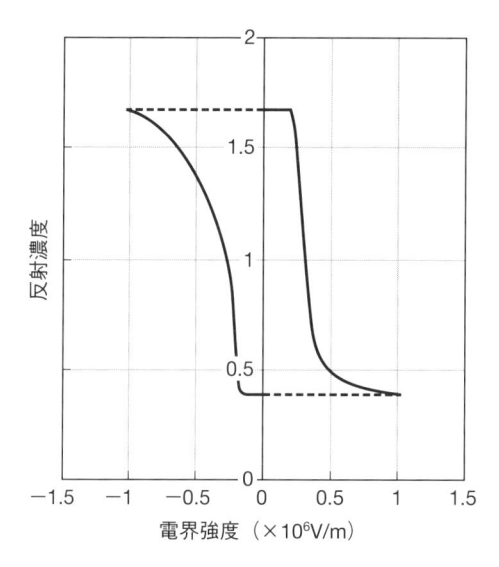

図 2.15 電界強度に対する表示濃度曲線
出典：重廣，山口，町田，酒巻，松永：日本画像学会 Japan Hardcopy 2001, 135（2001）

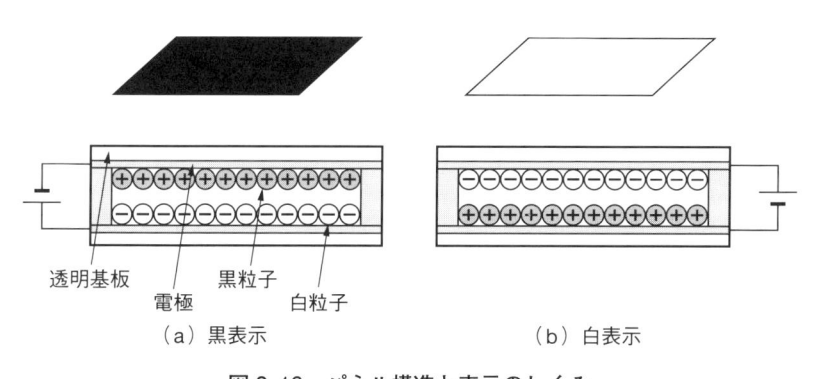

図 2.16 パネル構造と表示のしくみ

とえば，プラスに帯電した黒粒子とマイナスに帯電した白粒子である。なお，パネルギャップを保持するために，液晶パネルでのスペーサに相当する何らかの構造部材を設ける必要がある。また，場合によっては，粒子の帯電電荷漏洩を防止する目的で，電極上に絶縁コートを施す場合もある。比較に，液晶パネルの構造（図 2.17）を示すが，偏向板も配向板も反射板も TFT（thin film tran-

偏向板
ガラス板
透明電極
配向膜
スペーサ
TFT
液晶
配向膜
反射板兼電極
ガラス板

図 2.17　反射型液晶パネルの構造

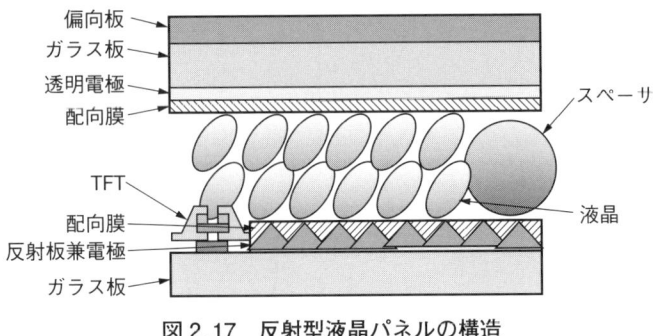

sistor）もなく，きわめて単純な構造であることがわかる．

2.2.3　表示のしくみ

　表示のしくみは，図 2.16 に示す両基板の電極間に加える電界を切り替えることにより，粉体が所定の電界に応じて気中を移動する現象を利用する．たとえば，黒表示時(a)は，上基板電極にマイナスを，下基板電極にプラスを印加することにより，プラスに帯電している黒色粒子が上側に，またマイナスに帯電している白色粒子が下側に移動し，ビューサイド（上側）からは，透明基板を介して，直接，黒色粒子を視認することとなる．白表示時(b)はその逆に，上基板電極にプラスを，下基板電極にマイナスを印加することにより，プラスに帯電している黒色粒子が下側に，またマイナスに帯電している白色粒子が上側に移動し，ビューサイド（上側）からは，透明基板を介して，直接，白色粒子を視認することとなる．

　粒子は，安定した帯電性を有することが必要であり，電子写真で用いられているトナーが使用されることもある．ブリヂストンが開発した粒子（電子粉流体）は，さらに高流動性を付与するために粒子表面にナノ加工が施されており，粒子であるにもかかわらず液体のような高流動性を示す．粉体の物性のひとつである安息角測定のようすを図 2.18 に示すが，電子粉流体の場合には，粉体形状であるにもかかわらず，安息角が測定できないほどに流動性が高い．北村らは白色粒子中に黒色トナーを充填し，黒色トナーのみを移動させる 1 粒子方式も提案している．

(a) 電子粉流体の場合　　(b) 一般粉体の場合

図 2.18　安息角測定のようす

2.2.4　駆動原理

　粒子を気体中で移動させるのは容易ではない。ここでは，粒子を移動させるための基本的な駆動原理について述べる。本方式は，印加する電界の方向を切り替えることにより，粒子の保有する帯電電荷を利用して，粒子を移動させるので，もちろん粒子が電荷を保有しなければ移動しないのは明白であるが，粒子が保有する電荷量が大きすぎても粒子は移動しない。

　粒子と基板（正確には電極）間には，さまざまな力が発生していると考えられる（図 2.19）。大きく2つに分けると，ファンデルワールス力・液架橋力などの粒子の電荷に依存しない力と，電気鏡像力の粒子の電荷に依存する力になる。ここで，電気鏡像力とは，電荷を保有した粒子が導電性材料（ここでは電極に相当）と接触した場合には，その導電性材料（電極）中に，あたかも逆の電荷を有した仮想粒子が存在するような状態をつくり出し，粒子が導電性材料（電極）に引き寄せられるとされている。この電気鏡像力を含めて，ファンデルワールス力，液架橋力などの粒子の電荷に依存しない力との総和が，メモリ性に寄与する力として作用しているものと推測され，ある一定以上の力になるように設計しないと，十分なメモリ性は得られない。

　一方，電圧を印加して粒子を移動させるためには，印加した電圧によって生じる電界が粒子に作用し，その力がメモリ性に寄与している力を上まわらなければ，粒子は基板から離れることはできないと考えられる。

　イメージイラストを図 2.19 に示す。ここでは下向きの力がメモリ性に寄与

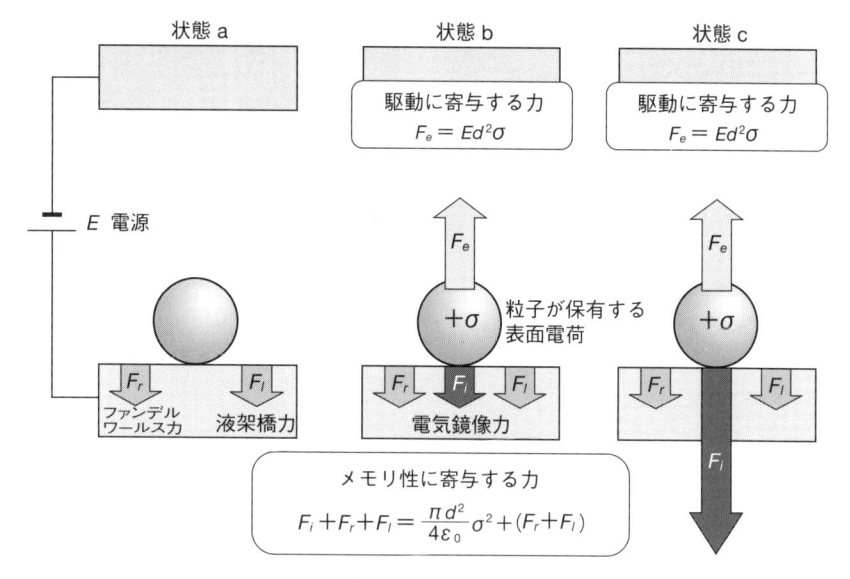

図2.19 粒子に働く力のイメージ

状態a / 状態b 駆動に寄与する力 $F_e = Ed^2\sigma$ / 状態c 駆動に寄与する力 $F_e = Ed^2\sigma$

E 電源　ファンデルワールス力 F_r　液架橋力 F_l　粒子が保有する表面電荷 $+\sigma$　電気鏡像力 F_i

メモリ性に寄与する力
$$F_i + F_r + F_l = \frac{\pi d^2}{4\varepsilon_0}\sigma^2 + (F_r + F_l)$$

する力であり，上向きの力が印加電圧によって生じる粒子の駆動に寄与する力である。上向きの力が下向きの力を上まわったときに，粒子は移動可能となる。もちろん，粒子の電荷がなければ（状態a），粒子の移動はありえないが，粒子の保有電荷が大きすぎても（状態c），粒子は基板から離れられない。

　図2.20は，粒子の電荷量に対する，メモリ性に寄与する力と粒子の駆動に寄与する力の関係を示したものである。メモリ性に寄与する力は，粒子の電荷がゼロの場合には，ファンデルワールス力や液架橋力などの力の総和になるが，粒子の電荷が増すにつれて，電気鏡像力の成分が付加される。電気鏡像力は，粒子の表面電荷の2乗に比例するので，メモリ性に寄与する力は，y切片がファンデルワールス力，液架橋力の総和からスタートする放物曲線となることがわかる。一方，粒子の駆動に寄与する力は，原点を通る直線となることがわかる。先に説明したように，駆動に寄与する力（この図では直線）が，メモリ性に寄与する力（この図では放物曲線）を上まわる場合に，粒子は駆動できることになる。したがって，両線が交わる一定の電荷量範囲内でのみ，粒子の移動は可能となる。本方式の電子ペーパーを駆動させるためには，粒子を適切

図中:
メモリ性に寄与する力
$$F_i + F_r + F_l = \frac{\pi d^2}{4\varepsilon_0}\sigma^2 + (F_r + F_l)$$

粒子に働く力

電圧印加により発生する駆動に寄与する力
$F_e = Ed^2\sigma$

$F_r + F_l$

粒子駆動可能範囲

粒子が保有する電荷 σ

図 2.20　粒子に働く力

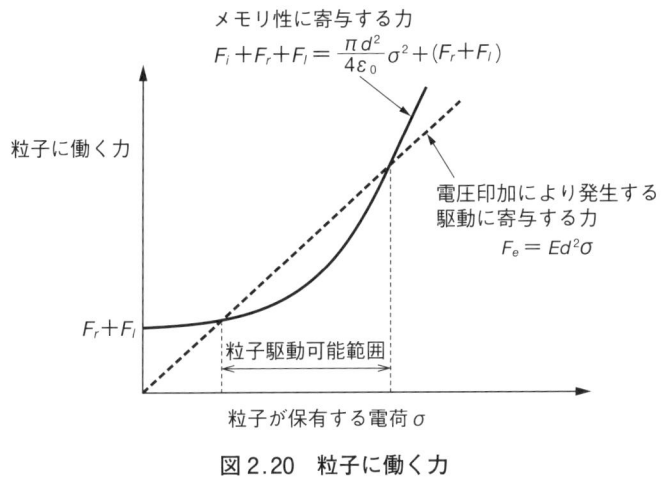

な帯電量範囲内に制御することが必要である。

2.2.5　特徴

以下に，ブリヂストンの電子ペーパー QR-LPD を例にして，粒子移動方式電子ペーパーの特徴を述べる。

(1) 広視野角

表示のしくみで述べたように，透明基板を通して直接粒子を視認するので，従来の表示媒体ではできなかった，白く，眼に優しいペーパーライクな拡散反射型の表示が可能である。ちょうど，コピー用紙で紙の繊維にめり込んだトナー粒子を視認するのと似ている。図 2.21 に，EIAJ ED2523 に準拠した反射率の測定結果を示す。両角でほぼ 180 度といえる広視野角表示を実現し，どこからでも視認しやすい表示デバイスといえる。

(2) 高速応答性

粒子移動方式は，液体中ではなく気体中を粒子が移動するので，移動の際の抵抗はきわめて小さく，応答速度が速いことが期待される。とくにブリヂストンの電子粉流体は，ナノテク技術を駆使した高流動性が付与されているので，図 2.22 に示すような 0.2 ミリ秒の高速応答性を示す。この速度は，液晶パネルの数百倍のレベルに相当する。

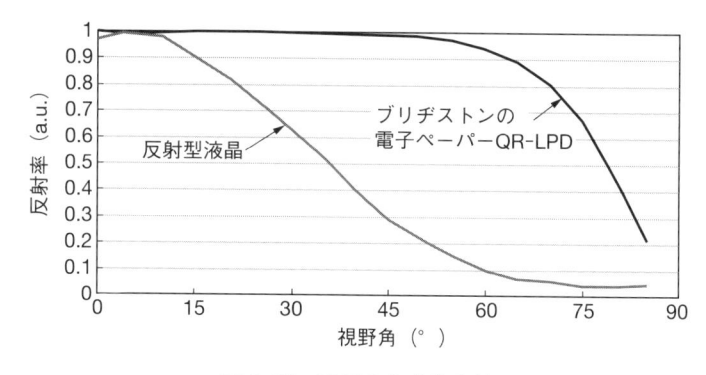

図 2.21 表示の角度依存性

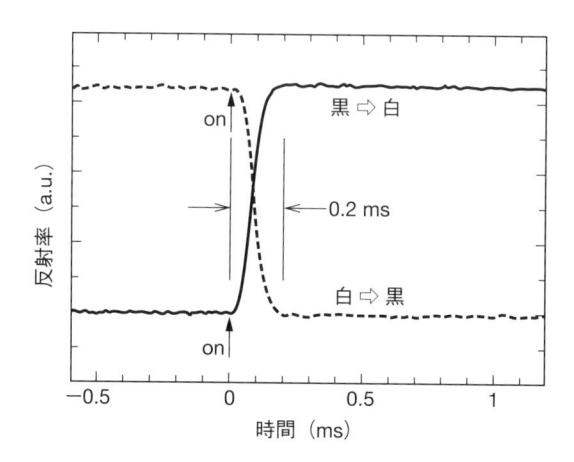

図 2.22 応答速度（ブリヂストンの電子ペーパー QR-LPD）

　さらに，たとえば，マイナス数十度の低温下でも，室温とほぼ同等の表示書き換え速度が可能である。低温でも応答速度が低下しないのは，パネル内に液体・液状物が一切存在しないからである。したがって，駆動の温度依存性がなく，ディスプレイモジュールとして温度補正などの機構が必要ないことも，特徴のひとつである。

(3) メモリ性

　電圧を印加し移動させた電子粉流体は，その後電圧を切ってもその表示状態を維持し，ほぼ半永久的なメモリ性を示す。約3年経過後でもまったく表示は

図 2.23 長期保存したディスプレイ画像（ブリヂストンの電子ペーパー QR-LPD）

変化せず（図 2.23），初期の表示状態を維持しつづけている。したがって，書き換え時以外は電力を必要としない，きわめて低消費電力な環境にやさしい表示デバイスといえ，電子ペーパーにしかできないユニークな特性のひとつである。

2.2.6　カラー化

電子ペーパーの基本は白黒表示であるが，広告などの用途ではカラー表示が必須である。カラー化の方法は，カラーフィルタを用いる方法，粒子自体に色を付けてピクセルごとに入れ分ける方法，1 ピクセルのなかに 3 種以上の色を付けた粒子を入れる方法などがあげられる。

カラーフィルタを用いる方法では，透過型液晶のようにバックライトもないので，基本的には白色粒子の反射光を利用して，カラーを表現することになる。たとえば，R(赤)のカラーフィルタの下側にある粒子配置を，白色粒子にすれば赤の点灯オンとなり，黒色粒子にすれば赤の点灯オフとなる。白色表示は，R(赤)，G(緑)，B(青)の各色全点灯オンで表現することになり，逆に黒色表示は各色点灯オフで表現することになる。表示エリアが 1/3 になるために，明るさと色再現のバランスが難しくなる。図 2.24（口絵）は，ブリヂストンが開発したフルカラー電子ペーパーである。サイズは A3，4096 色表示の世界最大サイズである（2007 年 10 月時点）。

フルカラーではないが，ブリヂストンでは，着色した電子粉流体を用い，プ

リント物とほぼ同様の鮮やかな表示を可能としている。1つのパネル内で，あるエリアは白色電子粉流体／黒色粉流体を，あるエリアは赤色電子粉流体／黄色電子粉流体を充填し，白黒表示と赤黄表示をもち合わせたエリアカラーパネ

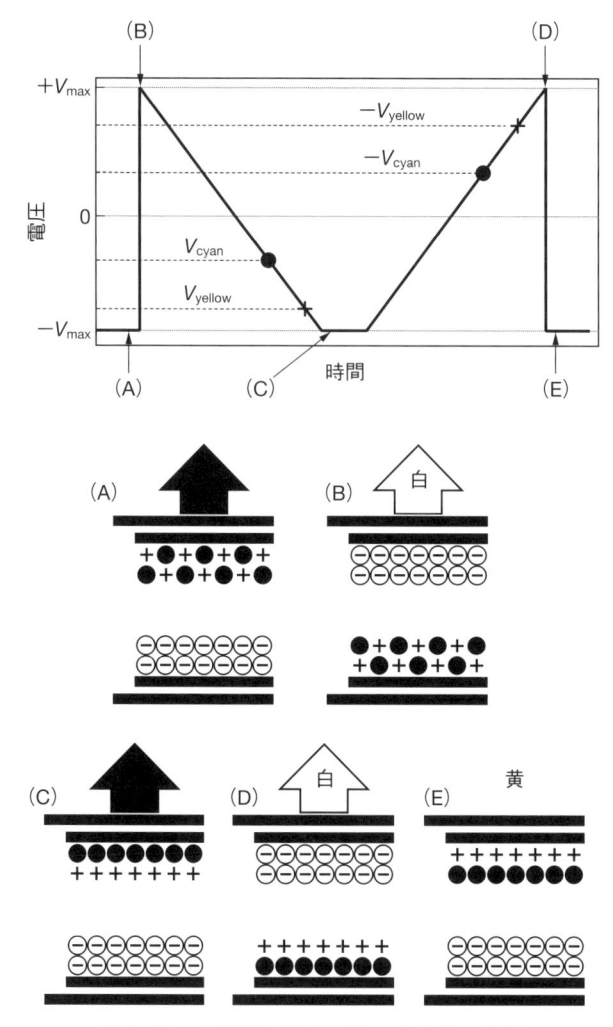

図 2.26　3種類の粒子を用いたカラー表示
（千葉大学北村氏の発表資料より）

出典：北村，山本，中村：日本画像学会 2005 年度第 4 回技術研究会 電子ペーパー研究会
　　　要旨集，p.15，2005.

ルを開発している（図 2.25（口絵））。

　北村らは，1 ピクセルのなかに 3 種類の粒子を充填したカラー表示を報告している。粒子の帯電量を変量させることにより，粒子が動き始める閾値電圧がシフトすることを利用して，シアン粒子（正帯電で帯電量が小），黄色粒子（正帯電で帯電量が大），白色粒子（負帯電）を用いたカラー表示を開発した（図 2.26）。正の電圧印加時に白色表示，負の電圧印加時に緑色表示（シアン色と黄色の混色）になる。さらに，電圧をマイナス側に徐々に上昇させると，帯電量の低いシアン粒子がまず動き出し，その後高い電圧で黄色粒子が移動し始める。これにより，シアン色，黄色，緑色，白色表示を可能とし，カラーフィルタを使用しないカラー表示として注目を集めている。

2.2.7　フレキシブル化

　ディスプレイのフレキシブル化（基板の樹脂化）は，軽量化，薄型化，安全性向上などを実現し，電子ペーパーのみならずディスプレイ全体の理想のひとつである。しかし，実用化には至っていないのが現実である。実用的なフレキシブルパネルにするためには，曲げても表示が乱れないように，表示がパネルギャップに依存しないことが好ましい。

　ここでは，ブリヂストンの取り組みを例に説明する。

　表示のしくみで述べたように，表示がパネルギャップに依存する液晶とは異なり，本方式では表示が粒子で形成されるため，パネルギャップに依存しない。したがって，液晶のような押圧による表示の乱れは発生しない。図 2.27（口絵）に，ディスプレイ中央部に応力を加えたときの表示への影響を観察した方法を示す。実験は白表示したあと電源を切り，表示のメモリ状態で中央部に 0.2 MPa の応力を加え，高周波ランプで輝度の測定を行った。比較として STN 液晶を用いた。図 2.27 に示すように，比較の液晶ディスプレイは歪みにより表示に著しく影響を受けている結果に対し，電子粉流体を用いた電子ペーパーは応力による表示への影響が見られないことがわかる。

　また，電子粉流体の駆動特性が印加電圧に対して明確な閾値を有するために，単純マトリックスによる駆動が可能である。これは，高温プロセスを必要とするアクティブ素子の形成を必要としないことを意味する。この点は，耐熱

性が低い樹脂基板の適用において有利であり，また安価で耐熱性の低い PET などの汎用樹脂基板の適用性があることになる。

フレキシブルパネルの製法はまったく確立されていないが，ブリヂストンはロールツーロールでの理想的な製法確立にトライしている。図 2.28（口絵）に装置の一部を示す。

図 2.29（口絵）に，8.6 インチの樹脂ディスプレイを示す。解像度は 81 ppi である。樹脂基板として透明電極付き PET（125 μm）が用いられている。セルギャップ 40 μm，トータル厚みが 290 μm であり，世界最薄レベルの反射型単純マトリックスディスプレイである。さらに，フレキシブルカラーフィルタが搭載されたフレキシブルカラーパネルを示す（図 2.30（口絵））。4096 色表示が可能なフルカラータイプである。

2.2.8 応用展開

用途展開としては，電子棚札，情報ボード，電子書籍，電子新聞，カードなどが期待されている。たとえば，本粒子移動方式電子ペーパーは，欧州をスタートに電子棚札用表示媒体として採用され始め，急拡大している。電子棚札の場合，表示は決して消えてはならないものの，必要なときには確実に内容が変わらなければならず，メモリ性を活かした電子ペーパーの最適な用途展開のひとつである。

2.2.9 課題と展望

技術上の課題をあげるとすると，さらなる白色度向上，耐久性向上，カラー特性向上，フレキシブル化の実現などがある。

一方，電子ペーパーの最大の特徴は，いかなる最新ディスプレイでもできない，電気を切っても表示が消えないメモリ性である。地球環境保護という観点からも，この省エネ性は電子ペーパーの開発を後押しすることとなっている。さらに，本粒子移動方式の電子ペーパーの場合，高応答速度，広視野角などの特徴も兼ね備えている。

したがって，環境保護に貢献できるとともに，アイデアしだいによって，身のまわりの生活シーンを大きく変える新市場を切り拓く無限の可能性を秘めて

いる。記事をクリックすると写真が動画になる電子ペーパー新聞を持ち歩く日も遠くないだろう。

2.3 ツイストボール方式

2.3.1 原理と製法

ツイストボールは，表示素子の回転により画像を形成する方式である。ツイストボールディスプレイ[22]は，図2.31に示すように，半球面をそれぞれ白と黒で塗り分けた球状粒子を表示素子として含むシートから構成される。この球状粒子は，シート内部の絶縁性液体に満たされた多数のキャビティ（空洞）中に1個ずつ封入されている。白黒の半球面に電荷密度差を設けているので，電界の向きに応じて球状粒子は回転制御される。回転によって形成された白黒のコントラストが，観察者に文字や画像として認識される。

ツイストボールディスプレイの基本的な製法[23]を，次に紹介する。半球面が白黒に色分けされた球状粒子を，未硬化のエラストマー中に分散，シート形成後に，熱硬化させる。このエラストマーシートを絶縁性の液体に浸漬する。この絶縁性液体は可塑剤と作用し，エラストマーを初期の体積よりも膨潤させる。エラストマーは等方的に膨潤するので，各粒子のまわりにはキャビティが生じ，そのキャビティは絶縁性液体で満たされ，粒子が自由に回転できる状態になる。このシートを2枚の電極（観察側は透明電極）にはさむことによっ

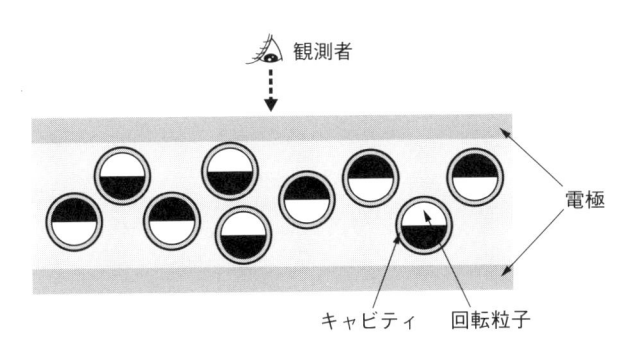

図2.31　ツイストボールディスプレイの概念図
（引用文献22のFig.1を参照して作成）

て，ディスプレイは完成する（図2.31）。

2.3.2　発明の経緯

ツイストボールディスプレイの歴史は古い。米国ゼロックスのシェリドン（N. Sheridon）により，最初の特許[23]が出願されたのは，1976年5月5日のことである。翌1977年のソサエティ・フォー・インフォメーションディスプレイ（SID）では，プロトタイプの紹介を含めた詳細な報告[22]がなされている。1977年の時点ですでに骨格はできあがっていたといえる。

しかしその後，シェリドン自身の他部門への異動などにより，長い中断期間があった。シェリドンが大舞台で再びツイストボールディスプレイの報告を行ったのは，約20年後の1998年に東京で開催されたパンパシフィックイメージングカンファレンス（PPIC）でのことである[24]。日本画像学会と縁の深いこの国際会議における発表では，ツイストボールディスプレイはGyricon（ジャイリコン）と命名され，電子ペーパー（Electronic paper）の候補技術であることが明記された。同じ年に*Nature*（ネイチャー）誌に報告されたマサチューセッツ工科大学（MIT）のジェイコブソン（J. Jacobson）のマイクロカプセル電気泳動ディスプレイ（E Ink）[25]とともに，その後の電子ペーパー研究の火付け役になった。

2.3.3　電子ペーパーへの展開試行

2000年になりツイストボール方式は，イーインク方式とともに電子ペーパー候補技術の双璧と考えられるようになり，シェリドンのグループ以外にもツイストボールに取り組むグループが増えてきた。

これらは，2色粒子の製法に取り組むグループ（ソニー，綜研化学，王子製紙など），2色粒子の運動挙動の解析に取り組むグループ（東海大学など），円筒型の回転粒子に取り組むグループ（東海大学，王子製紙など），粒子回転の原動力として電界の代わりに磁力を用いる技術（磁気ツイストボール）に取り組むグループ（日立マクセル，東海大学，明星大学など）に大別できる。これらの技術については，次項以降に詳述する。

一方，ツイストボール方式の本家のゼロックス社は，ジャイリコンメディア

社をスピンアウトし，同社よりサインディスプレイ用途の製品[26]を上市するに至った。

2.3.4 回転粒子の製法

ツイストボール方式において，回転する2色粒子の製法はキーテクノロジーといえる。以下の方法がこれまでに紹介されている。

(1) 半球面を蒸着する方法

一例としてソニーの斉藤らによる方法[27]を紹介する。図2.32に示すように白色の球状粒子を単層に粘着テープ上に形成する。このテープを2つのローラ間にセットし，フッ化マグネシウムなどを連続的に真空蒸着し，半球面が黒色に覆われた球状粒子を得る。

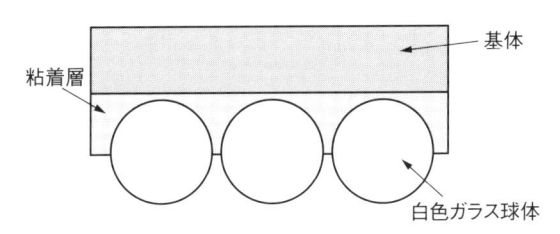

図2.32 蒸着法による表示素子の作製
（参考文献27のFig.5を参照して作成）

(2) 回転ディスク法

粒子の主成分を溶解状態に保持しているあいだに，遠心力などによって染料や顔料を粒子の半球面に分散させる方法[28]である。溶融状態における粘度が

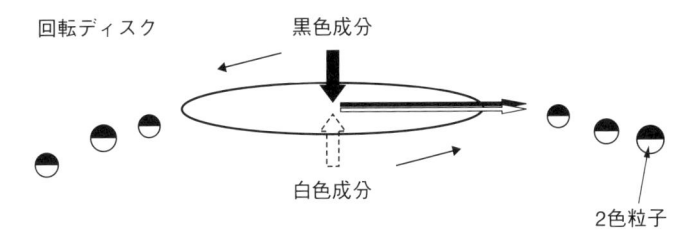

図2.33 ディスク法による表示素子の作製
（参考文献28のFig.10を参照して作成）

低い場合には，図2.33に示すように，球形の粒子が回転ディスクから飛散する。一方，粘度を高めに制御することで，後述する円筒型の表示素子を得ることもできる。

(3) ノズル法

色相の異なる（たとえば白と黒の）2種類の液滴を，スプレーやインクジェットノズルを用いて，空気中で接触させて1つの液滴にする。1つになった液滴を反応液中に含浸させ，瞬時に固化させる方法[29]である。色相の異なる液滴の組合せで効率よく接触させるために，それぞれの液滴の電荷の符号か，あるいは電荷密度を異なるように設計するのがキーである。粒子径のコントロールなどの課題はあるが，量産に適した方法である。

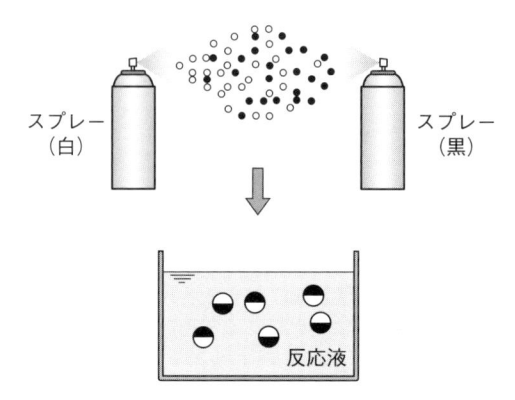

図2.34　ノズル法による表示素子の作製
(参考文献29のFig.3を参照して作成)

(4) マイクロチャンネル法

図2.35のようなマイクロチャンネルを用い，色相が異なる2種類の顔料（たとえば白と黒）を分散させたアクリルモノマーを合流させて形成させた2色層流を，連続相であるポリビニルアルコール水溶液流によってせん断し，液滴を生成させる。その後，液滴をUV・EB照射や熱重合により粒子化する方法[30]である。粒径はモノマーおよび連続相の流速やマイクロチャンネルの形状でも変化するが，流路の細さが最も大きな支配要因である。優れた単分散性など性能面での評価は高い方法であるが，マクロチャンネルという微細加工技

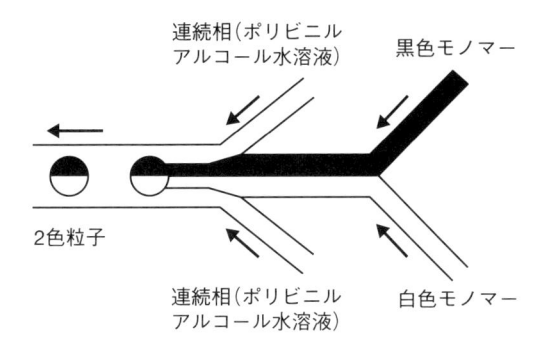

図2.35 マイクロチャンネル法による表示素子の作製
（参考文献30のFig.2を参照して作成）

術に依存するため生産性の向上が課題である。

2.3.5 粒子回転の理論

　ツイストボール技術の基礎分野では，粒子の回転挙動に関する理論考察とモデル実験が一時期盛んに行われた。電界下における，球状2色粒子の両半球面の表面電荷密度に起因するクーロン力によるモーメントが，粒子回転のドライビングホースであること，この回転モーメントは両半面の表面電荷密度差，電界，球径の2乗に比例することなど[31]が，理論と実験の両面から確認された。また，回転を抑制するキャビティ内の液体の粘性抵抗などのドラッキングモーメントも考慮した運動方程式が記述され[32]，のちの表示素子として有利な形状は何なのか（球形か円筒形か）という議論につながっていった。

2.3.6 円筒型の検討

　これまで，表示素子の形状としては球形のみを紹介してきた。しかし，他の形状，たとえば円筒状は，次のような長所があることから，ツイストボール方式の改良版として研究開発が行われた。
① 輝度の向上が期待できる。球体を平面状に整列させても必ず隙間を生じるのに対し，円筒であればほとんど隙間なく平面（この場合，表示面）を覆うことができる[28]からである。
② 運動方程式による解析結果[32]より，円筒状のほうが応答速度の点で有利

である。

③溶融紡糸法など汎用的な技術を利用した製造[33]が可能になる。

とくに③の例として，円筒状の表示素子が内部に含まれる表示ユニットを製造する技術が検討された。まず，図2.36のような設備で，2色繊維とその周囲の透明中空繊維を同時に作製する。2色繊維と透明中空繊維のあいだにはシリコーンオイルが満たされている。次に，低出力の半導体レーザを用いて，透明中空繊維内部の2色繊維のみを任意の長さに切断する。この半導体レーザは波長領域が可視光に近いため，透明な中空繊維を傷つけずに，内部の2色繊維のみを選択的に切断できる。この切断により内部の2色繊維はフィラメント化され，独立して回転可能な表示素子となる。構成単位である表示ユニットが繊維であることから，潜在的な応用分野として，電子布や衣類[34]も検討された。

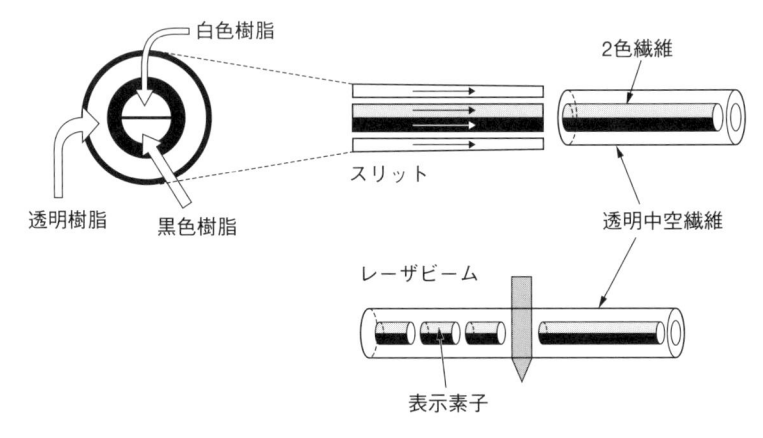

図2.36 溶融紡糸法による円筒状表示素子ユニットの作製
（参考文献34のFig.9と本文（p.47）の記述を参照して作成）

2.3.7 磁力回転の検討

電界の代わりに磁界によって表示素子を駆動，回転させる方式として磁気ツイストボール方式がある。2003年前後には，パルス磁界に対する表示素子の応答条件のような基礎研究[35]と，表示素子を軽量化するなどの実用化に直結する研究[36]が同時進行していた。表示素子の軽量化[36]では，ナイロン球に黒色磁性体をコートするなどの工夫がなされた。

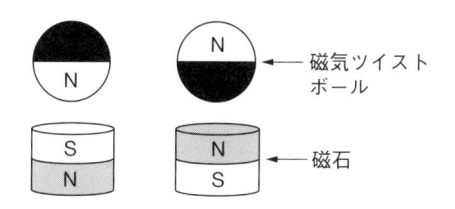

図 2.37　磁気ツイストボール方式の原理
（参考文献 36 の Fig.1 を参照して作成）

2.3.8　ツイストボール方式の課題と展望

　ツイストボール方式は，回転という複雑な現象を利用するだけに，研究開発の場においての醍醐味は大きい．しかしその反面，実用化のハードルがどうしても高くなる．たとえば，表示素子の回転不良（回転するべきときに回転しない表示素子の比率が高い）による，低コントラスト，低解像度などの問題[33]が指摘されている．また原理的に（カラーフィルタ以外の方法で）色制御するのは難しく，カラー化の試みもあるものの[37]，そのポテンシャルは高くない．

　E Ink をはじめとする電気泳動方式に押されて，フェードアウトしつつあるのが現状である．実際，2005 年以降は展示会における出品も学会における報告数も極端に少なくなっている．しかし，表示素子を反転させるというユニークなアイデアが，黎明期における電子ペーパー研究に与えたインパクトは強く，電子ペーパーの進展に対する貢献は大きいと考える．

▼参考文献
1) 太田勲夫：特公昭 50-15115．
2) 北原文雄，古澤邦夫，尾崎正孝，大島広行：『ゼータ電位』，p.3，p.159，サイエンティスト社，1997．
3) 津布子一男：「湿式現像剤」，第 25 回電子写真学会講習会予稿集，pp.52-71，1988．
4) 板谷正彦：「液体現像法における Toner の帯電現象」，日本画像学会 2007 年度第 3 回技術研究会予稿集，2007．
5) B. Comiskey, J. D. Albert, H. Yoshizawa, J. Jacobson：An electrophoretic ink for all-printed reflective electronic displays, *Nature*, Vol.394, No.16, p.253, 1998．
6) 川居秀幸：「電気泳動ディスプレイ技術とディジタルペーパーへの応用」，日本画像学会第 1 回フロンティアセミナー予稿集，pp.79-86，2002．

7) R. C. Liang, J. Hou, H. M. Zang：Microcup Electrophoretic Display by Roll-to-Roll Manufacturing Process, Proceedings of The Ninth International Display Workshops, IDW02, p.1337, 2002.
8) 貴志悦郎：「In-Plane 型電気泳動ディスプレイの開発」, 日本画像学会 2000 年度リライタブル・エレクトロニックイメージング研究会予稿, p.11, 2000.
9) 大川祐輔, 三宅佳郎, 柴　史之：「ゼラチンで包括固定化した粒子内包液滴を用いる電気泳動素子」, 日本写真学会誌, Vol.68, No.6, p.538, 2005.
10) 北村孝司：NEDO ナノ加工・計測技術「機能性カプセル活用フルカラーリライタブルペーパープロジェクト」事後評価報告書, 2006
http://www.nedo.go.jp/iinkai/hyoka/houkoku/18h/jigo/01-1.pdf
11) G. R. Jo, K. Hoshino, T. Kitamura：Toner Display Based on Particle Movements, *Chem. Mater*, **14**, 664-665, 2002.
12) T. Kitamura：Movement of Tribo-electrically Charged Particles for Electronic Paper, Asia Display/IDW01, pp.1721-1722, 2004.
13) 中村佐紀子, 北村孝司：「トナーディスプレイにおける粉体の流動性」, Japan Hardcopy 2005, pp.277-280, 2005.
14) 北村孝司, 山本哲也, 中村佐紀子：「粒子移動制御によるトナーディスプレイのカラー化表示の切り替え」, 日本画像学会 2005 年度第 4 回技術研究会 電子ペーパー研究会要旨集, pp.15-18, 2005.
15) 重廣　清, 山口善郎, 町田義則, 酒巻元彦, 松永　健：「絶縁性粒子を用いた摩擦帯電型トナーディスプレイの表示特性」, 日本画像学会 Japan Hardcopy 2001, pp.135-138, 2001.
16) Y. Yamaguchi, K. Shigehiro, Y. Machida, M. Sakamaki, T. Matsunaga：Toner Display Using Insulative Particles Charged Triboelectrically, Asia Display/IDW '01, pp.1729-1730, 2001.
17) 町田義則, 山口善郎, 酒巻元彦, 松永　健, 諏訪部恭史, 重廣　清：「絶縁性トナーを用いた摩擦帯電型トナーディスプレイの表示特性」, 日本画像学会 Japan Hardcopy Fall 2001, pp.48-51, 2001.
18) 町田義則, 諏訪部恭史, 山口善郎, 酒巻元彦, 松永　健, 重廣　清：「トナーディスプレイにおける新しいカラー表示方法日本画像学会」, 日本画像学会 Japan Hardcopy 2003, pp.103-106, 2003.
19) R. Hattori, S. Yamada, Y. Masuda, N. Nihei, R. Sakurai：Ultra Thin and Flexible Paper-Like Display Using QR-LPD Technology, SID Symposium Digest, pp.136-139, 2004.
20) R. Sakurai, S. Ohno, S. Kita, Y. Masuda, R. Hattori：Color and Flexible electronic paper display using QR-LPD Technology, SID Symposium Digest, pp.1922-1925, 2006.
21) R. Hattori, M. Asakawa, Y. Masuda, N. Nihei, A. Yokoo, S. Yamada, I. Tanuma：Passive-Matrix Flexible Electronic Paper using QR-LPD Technology and Custom Driver Circuits, ISSCC Digest of Technical Papers, pp.74-75, 2007.
22) N. K. Sheridon, M. A. Berkovitz：The Gyricon-A Twisting ball display, Proc. SID, Vol.18, No.3-4, pp.289-293, 1977.

23) N. K. Sheridon：Twisting ball panel display, USP4126854.
24) N. K. Sheridon：The Gyricon as an electronic paper medium, Proc. PPIC/JH, pp.83-86, 1998.
25) B. Comiskey, J. D. Albert, H. Yoshizawa, J. Jacobson：An electrophoreticink for all-printed reflective electronic displays, *Nature*, Vol.394, pp.253-255, 1998.
26) B. Preas, H. Davis：Low cost, low power, electronic displays for retail signs, SID 02 Digest, pp.289-231, 2002.
27) T. Saitoh, R. Mori, R. Ishikawa, H. Tamura：A newly developed electrical twisting ball display, Proc. SID, Vol.23, No.4, pp.249-253, 1977.
28) N. K. シェリドン：ツイスティング円筒ディスプレイ，特表平11-514104．
29) S. Maeda, S. Hayashi, K. Ichikawa, K. Tanaka, R. Ishikawa, M. Omodani：Chemical preparation of twisting balls for electronic paper, Proc. IDW03, pp.1617-1620, 2003.
30) T. Torii, T. Nishisako, T. Takahashi, Y. Takazawa, T. Higuchi：Fabrication of bichromal microbeads for rotating ball display using droplet formation by microchannel technique, Proc. IDW05, pp.829-832, 2005.
31) 谷川智洋，面谷　信，高橋恭介：「ツイストボールディスプレイの表示球回転特性」，Japan Hardcopy 2000 論文集，pp.65-68，2000.
32) S. Maeda, H. Sawamoto, H. Kato, S. Hayashi, K. Gocho, M. Omodani：Characterization of "peas in a pod", a novel idea for electronic paper, Proc. IDW02, pp.1353-1356, 2002.
33) 前田秀一：「電子ペーパーの技術動向」，機能紙研究会紙，Vol.43，pp.43-50，2004.
34) M. Nakata, M. Sato, Y. Matsuo, S. Maeda, S. Hayashi：Hollow fibers containing various display elements—A novel structure for electronic paper, Proc. IDW05, pp.855-856, 2005.
35) 小鍛治徳雄：「パルス磁界印加によるボール磁石回転条件の実験的研究」，Japan Hardcopy 2003 論文集，pp.115-118，2003.
36) 大川将勝，工藤　崇，面谷　信，河野研二，大谷紀昭，長瀧義幸：「磁気ツイストボール方式によるデジタルペーパーの検討」，Japan Hardcopy 2003 論文集，pp.111-114，2003.
37) 津田大介：シート状表示媒体，シート状表示装置，およびシート状表示媒体の製造方法，特開2000-89260．

第3章
各種の反射型ディスプレイ技術

3.1 液晶方式

3.1.1 電子ペーパーに用いられる液晶の特質と分類

液晶の発見の歴史は古く，1888年オーストリアの植物学者ライニッツア（F. Reinitzer）により，「液体と固体とのあいだに，液体のように流動性を示すが，結晶のような複屈折性を示す液晶状態」があることが発見された。

一般に液晶性物質は棒状分子であり，液体状態では近接した棒状分子はランダムな方向を向く（図3.1(b)）が，ある温度域ではランダムな方向を向くよりも同じ方向を向いて並びやすいため，流動性と複屈折性を示す液晶状態（図3.1(a)）が発現する。また，図3.2に示すように長軸方向と短軸方向で誘電率や屈折率が異なるため，液晶に電界を印加することにより，棒状分子を電界方向に並ばせ，光学特性を変化させることができる。

光学特性の変化のさせ方にはさまざまな方法があり，旋光性，複屈折性，光散乱，干渉反射，ゲストホストなどさまざまな物理現象が表示に応用されている。そのなかで電子ペーパーは，明るい反射型の表示が得られる方式でアプロ

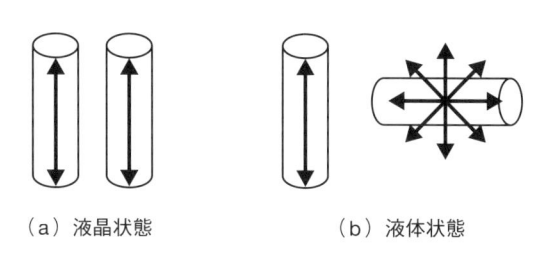

（a）液晶状態　　　　（b）液体状態

図3.1　液晶状態と液体状態の配向状態

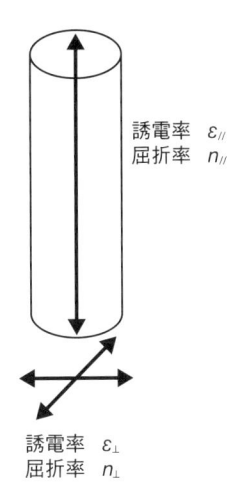

誘電率 $\varepsilon_{//}$
屈折率 $n_{//}$

誘電率 $\varepsilon_{\perp}$
屈折率 $n_{\perp}$

図3.2　液晶性物質の概念図

ーチされており，多くはメモリ性も兼ね備えている。電子ペーパーで用いられている代表的な表示方式の表示原理，構造と駆動方法を表3.1に示す。

　コレステリック液晶は，光の干渉により特定の色を反射するプレーナ状態と，光を透過するフォーカルコニック状態を切り替えることで画像を表示する。自然界の蝶や黄金虫などの発色もこの原理である。プレーナ状態とフォーカルコニック状態が無電界で双安定なため，画像にメモリ性がある。選択反射色として赤緑青を積層することにより，フルカラー化が可能である。駆動方法にはパッシブ駆動と光アドレスによる面一括駆動がある。双安定ネマティック液晶方式は，電界による複屈折の変化と偏光板とを組み合わせた，メモリ性のある光シャッターである。ポリマーネットワーク液晶方式は，電界のオン／オ

表3.1　液晶方式の種類

表示方式	表示原理	構造	駆動方法
コレステリック液晶	干渉反射	3層積層	パッシブ駆動，光アドレス
双安定ネマティック液晶	複屈折	単層	パッシブ駆動，TFT駆動
ポリマーネットワーク液晶	光散乱	単層	TFT駆動
ゲストホスト液晶	光吸収	単層	イオンフロー／熱書き込み

フによる液晶の屈折率変化と高分子との屈折率差の大小により，透明／白濁（光散乱）を切り替える。ゲストホスト液晶は，液晶に添加した２色性色素の吸収係数の異方性を，液晶により制御するものである。駆動方法はイオンフローと熱書き込みのものがある。

3.1.2 コレステリック液晶
(1) コレステリック液晶の特徴と開発の歴史

1922年にフランスのフリーデル（G. Friedel）により，液晶の配向状態は図3.3に示すようにネマティック相，コレステリック相，スメクティック相の3つに大別された。

ネマティック相は，液晶分子の方位が一定方向にそろっているが，重心の配置は無秩序なものをいう。一方，スメクティック相は方位がそろっているだけでなく，重心も一定ピッチでそろっているものをいう。コレステリック相は，薄い面内ではネマティック相と同様に液晶分子の方位がそろっているが，厚み方向に少しずつその方位が回転していく。この回転軸をらせん軸，方位が一周期回転する間隔をらせんピッチとよぶ。

コレステリック液晶の実用化の歴史は古く，1963年にファーガソン（J. L. Fergason）がサーモグラフィーに応用した。1969年にハイルマイヤー（G. H. Heilmeier）がコレステリック液晶のメモリ性（透明／白濁）を発見し，表示体への応用を提案した[1]。その後，日本電信電話公社（現NTT），日本電気など多くの企業により研究および試作品の検討がなされた。1991年に米国ケン

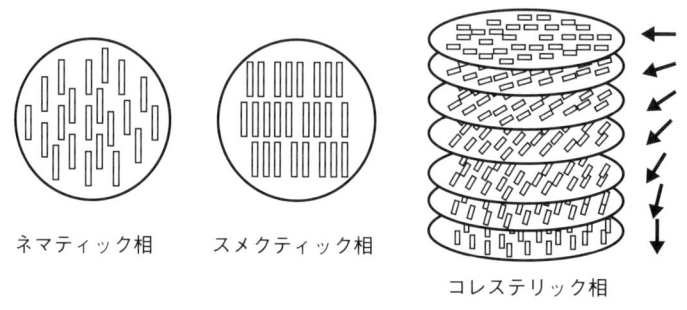

図3.3 液晶相の配向状態

ト州立大学のウエスト（J. L. West）らが可視光反射／透明のメモリ性表示を用いた表示体を開発した[2]。この構成が現在のコレステリック液晶に用いられている。

コレステリック相は，光の電場ベクトルが液晶分子の回転方向と一致し，液晶内部での伝播波長がらせんピッチに等しい円偏光成分を選択的に干渉反射する。

反射される光のピーク波長 λ は，

$$\lambda = n \times p \tag{3.1}$$

で与えられる。p はらせんピッチ，n は平均屈折率である。

また，反射光の波長バンド幅 $\Delta\lambda$ は，

$$\Delta\lambda = \Delta n \times p \tag{3.2}$$

で与えられる。Δn は液晶の屈折率異方性で，

$$\Delta n = n_{//} - n_{\perp} \tag{3.3}$$

で与えられる。液晶分子の長軸方向の屈折率が $n_{//}$，短軸方向の屈折率が $n_{\perp}$ である。

コレステリック液晶では，この選択反射現象を利用して反射型表示を行っている。図3.4に基板垂直方向のパルス電圧に対するコレステリック液晶の電気光学応答を示す。らせん軸が基板に垂直になるプレーナを初期配向とすると，電場強度の増加に伴って，らせん軸が基板に平行になるフォーカルコニック，らせん構造がほどけて液晶分子が電場方向にそろうホメオトロピックへと配向状態が変化する（図中黒矢印）。ここで各配向状態から印加電場を急激に取り除くと，ホメオトロピックはプレーナへと遷移し，プレーナとフォーカルコニックはほぼそのままの状態を維持する（図中白矢印）。このように印加電圧によって状態は異なるが，無電場ではプレーナとフォーカルコニックが双安定に存在する。基板面から入射した光はプレーナでは選択反射され，フォーカルコニックでは透過する。したがって，パルス電圧に対して図のような反射率変化が得られ（電圧印加後の状態），プレーナとフォーカルコニックのあいだのスイッチングによって反射と透過のメモリ性表示を行うことができる。

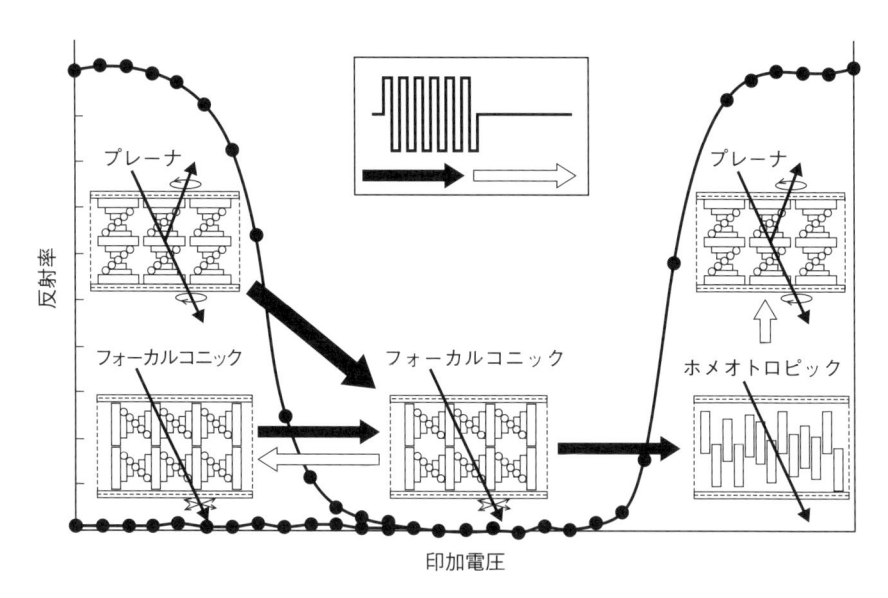

図3.4 コレステリック液晶の配列変化と電気光学応答

(2) パッシブ駆動型

積層型コレステリック液晶ディスプレイは，赤／透明・緑／透明・青／透明にスイッチングする3枚のコレステリック液晶パネルを積層することで，フルカラーのメモリ性反射型ディスプレイが実現できる。コレステリック液晶は，閾値がありパッシブ駆動が可能，偏光板がいらず明るいメモリ性の表示ができるというメリットがある反面，印加電圧が高く応答時間が遅い，視野角により色が短波長シフトして見える，という課題がある。印加電圧を小さくするには，屈折率異方性が大きく誘電率異方性が大きい液晶が望ましい。しかし，いずれも液晶の粘性が高くなり応答性が悪くなりやすい。

応答性を向上させる方法として，状態の選択時間を1ミリ秒以下にできるダイナミック駆動という方法がケントディスプレイズ社から提案されている。視野角によるカラーシフトの改善方法として，液晶材料や配向膜による配向制御，カラーフィルタによるスペクトル制御などが提案されている。

(3) 光アドレス型

光アドレス電子ペーパーは，富士ゼロックスにより研究開発されており，駆

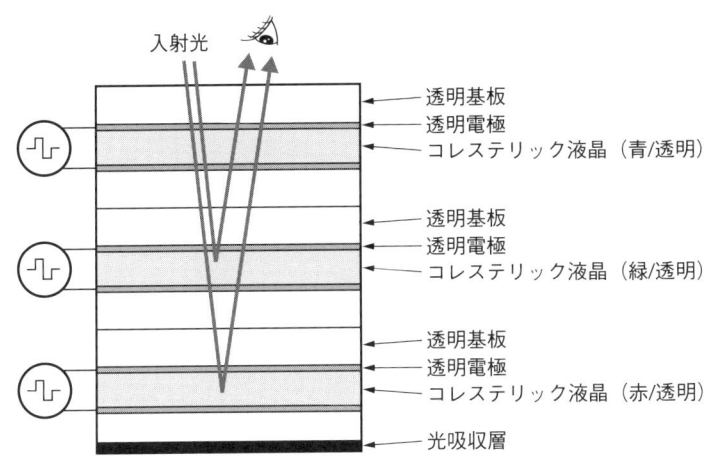

図 3.5　積層型コレステリックディスプレイの断面図

動系と表示体とを分離した点に特長がある。表示体側には，駆動 IC や TFT は不要であり，一体型に比べて低コスト，軽量，ラフハンドリング可能な表示媒体の実現をねらいとしている[3]。また，アドレス方法に光を用いることにより書き換え時間が短く，くり返し書き換え回数が多いという特長もある。

図 3.6 に表示媒体の断面構造を示す。透明電極が形成された 2 枚の透明基板のあいだに，有機感光体層，光吸収層，表示層を順次積層する。有機感光体層

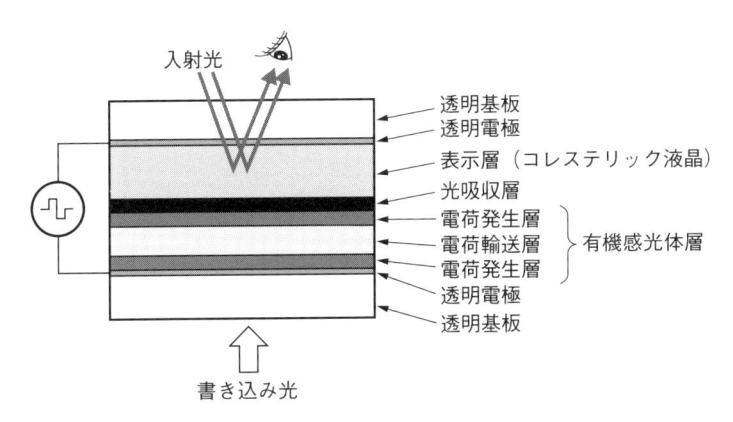

図 3.6　表示媒体（光アドレス層）の断面構造

3.1 液晶方式

は，電荷輸送層の上下に電荷発生層を配置し交流駆動可能にした独自構造を採用している。光吸収層は黒顔料を高分子に分散させたもので，表示の黒状態を規定するとともに，有機光導電層への外光の影響を遮断する役割をもっている。表示層はコレステリック液晶をマイクロカプセル化し高分子バインダと混合することで，塗布することを可能にするとともに，基板変形による画像劣化を防止している。なお，上下の透明電極には微細加工は不要である。この基本構造を光アドレス層とよぶ。

図3.7に光アドレス方式の等価回路と過渡応答を示す。光吸収層を省略した場合，表示媒体の等価回路は(a)のようになる。上下のべた電極間に電圧を印加すると，表示層には有機光導電層とのインピーダンス比で決まる分圧 V_{LC} が印加される。矩形波に対しては，(b)に示すように，パルスの立ち上がりにおいて瞬間的な電荷蓄積による容量分圧が起こり，時間経過とともに抵抗分圧へと緩和していく。光を照射しない状態であれば有機光導電層に自由キャリアがないため，R_{OPC} は高抵抗になり，表示層に印加される実効電圧 V_{LC} は低くなる。一方，電場下で有機光導電層に光を照射すると，内部光電効果による自由キャリアが発生する。つまり，表示媒体への照射光量の増加に応じて有機光導電層の抵抗 R_{OPC} は低下し，結果として表示層に印加される実効電圧 V_{LC} が高くなる。したがって，コレステリック液晶の閾値を考慮した適正な電圧とオン

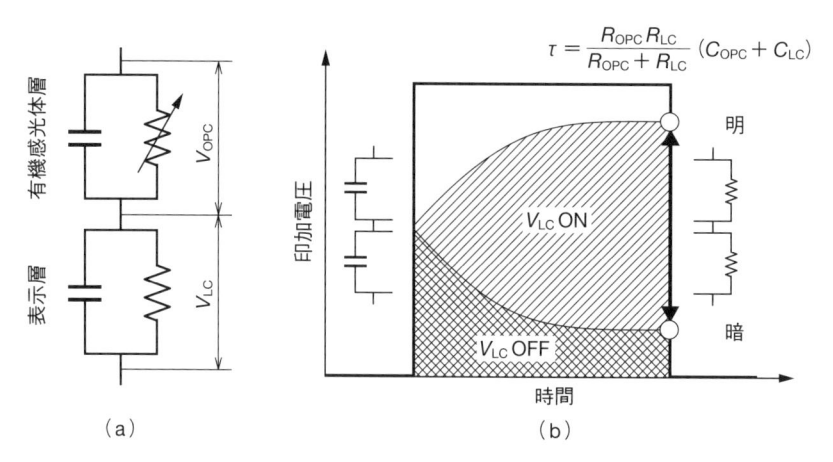

図3.7 光アドレス方式の等価回路と過渡応答

／オフ光量を選択することにより，書き込み装置から照射した光パターンをコレステリック液晶の電気光学応答に反映させることができる。

図3.8は，図3.7の原理を応用したフルカラー表示媒体の構造を示す[4]。内面に透明電極をスパッタした透明基板のあいだに，両面に透明電極をスパッタした透明基板を介して，2つの光アドレス層を積層した。表示面側の光アドレス層は，青色と緑色を反射する表示層を積層し，赤色層および赤有機感光体からなる。もう一方の光アドレス層は，赤を反射する表示層と青緑色層および青緑有機感光体からなる。

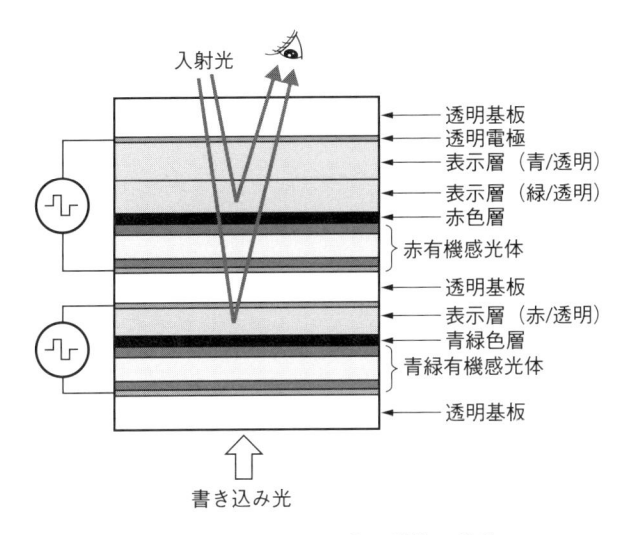

図3.8 フルカラー表示媒体の構造

3.1.3 双安定ネマティック液晶

従来の偏光板を用いたツイステッドネマティック（TN）液晶が電界なしで単安定状態になるのに対し，双安定ネマティック液晶は配向膜や界面形状などに工夫して双安定状態を実現したものである。代表的なものとしてZenithal Bistable Device（ZBD）方式とBiNem方式とがあるが，ここではネムオプティック社のBiNem方式[5]について説明する。

液晶材料は界面の処理によって，棒状分子を垂直に配向させたり水平に配向させたりすることができる。そして，配向する強さをアンカリングが強い／弱

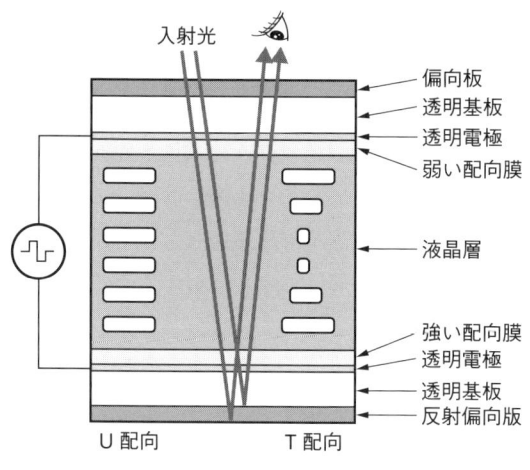

図 3.9 BiNem デバイスの構造

いと表現する。BiNem 方式の構造を図 3.9 に示す。上下基板は同一方向の水平配向膜を有しており，一方の配向膜のアンカリングが強く，もう片方のアンカリングを弱く設計している。2 つの安定な液晶状態であるねじれのない U 配向と，180 度ねじれた T 配向とをスイッチングするものである。その 2 状態が双安定となるように，カイラル材の量を調整して液晶を 90 度ねじれた状態にし，スイッチング時に，液晶を電界で立たせて急激に電圧を切ると強い液晶流が生じて T 状態に，適当な電圧を経由してゆっくり切ると U 状態になる。途中の電圧を選ぶことにより T と U の面積比を制御して中間調を出すことが可能である。パッシブ駆動・TFT 駆動いずれも可能で，反射率 30% 以上の明るく，コントラストの高い，中間調の出る白黒デバイスが実現されている。

3.1.4 ポリマーネットワーク液晶

ポリマーネットワーク液晶 (PNLCD) は，液晶と光重合成モノマーの均一混合溶液から，紫外線光重合によって微細な 3 次元網目状のポリマーネットワーク構造を液晶中に形成させて，光散乱を誘起させる。図 3.10 に PNLCD の構造を示す。図 3.9 と比較すると，偏光板や配向膜がなくシンプルな構造をしていることがわかる。電界を印加したときは液晶が電界方向に配向し，ポリマー

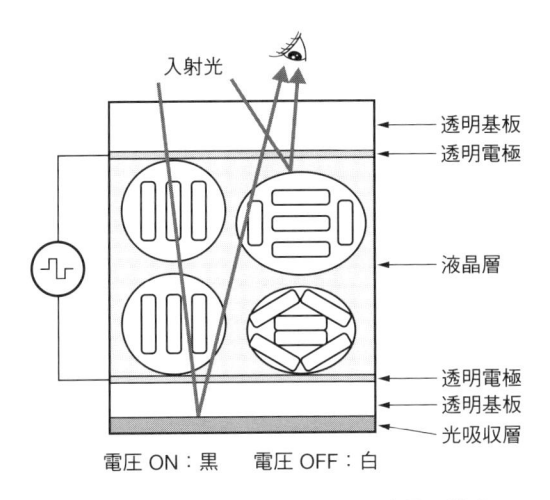

図中ラベル：入射光／透明基板／透明電極／液晶層／透明電極／透明基板／光吸収層／電圧ON：黒　電圧OFF：白

図3.10　ポリマーネットワーク液晶の構造

との屈折率差が小さく透明になり，光吸収層により黒になる。一方，電界を除去すると液晶はポリマーネットワークに沿って並ぶため屈折率差が大きくなり，光散乱により白くなる。紙と同様に光散乱をベースとしており，見やすい表示が得られる。しかし，この表示にはメモリ性はなく，TFT駆動が必要である。

大日本インキ化学工業によりポリマーネットワーク液晶の検討が詳細になされた[6]。それによると，光散乱による白さは，液晶の複屈折の大きさ，セル厚，網目サイズの影響が大きい。複屈折率が高いほど，セル厚が厚いほど，網目サイズが小さいほど，反射率を高くできる。

3.1.5　ゲストホスト液晶

大日本印刷と東海大学において，ゲストホスト方式の高分子分散型液晶（PDLC）を用いた電子ペーパーの検討がなされた[7]。

図3.11にゲストホスト液晶の表示原理を示す。ITO膜を蒸着した白色PET基材上にPDLC層をコーティングした。PDLC層は樹脂中にスメクティック液晶をホストに3種（黄・青・紫）のアゾ系2色性色素を混合した黒色素をゲストとして，ドロップレットに分散されている。表面保護層としてUV硬化型ウレタン樹脂を用いている。液晶がホメオトロピック配向の場合，2色性色素も

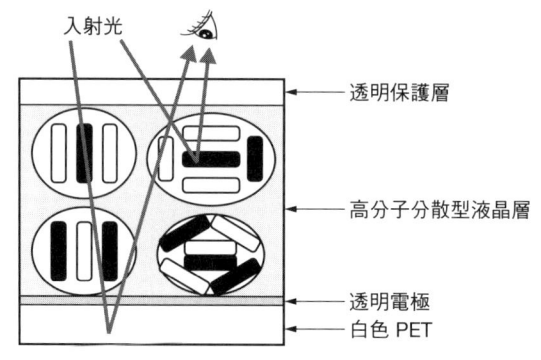

ホメオトロピック：白　　フォーカルコニック：黒

図3.11　ゲストホスト液晶の表示原理

基板に対して垂直に配向するため，ほとんど光を吸収しない透過状態となる。一方，フォーカルコニック配向の場合，2色性色素もランダム配向するため，入射光は2色性色素に吸収される。電界を印加することによりホメオトロピック配向に，熱を印加することによりフォーカルコニック配向にすることができる。

図3.12に液晶のイオン流書き込み装置を示す。移動ステージ上に，あらかじめ加熱することにより黒色となっているシート状の表示媒体を貼り付け，ステージ上方のイオンフローヘッドからパターンに応じた負のイオン流の照射を受け，表面電荷像を媒体上に形成する。形成された電荷像は白パターンとなる。

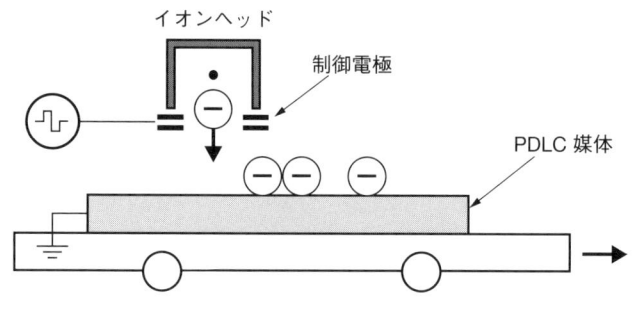

図3.12　イオン流書き込み装置の原理図

3.1.6 液晶方式の課題と展望

液晶方式は，これまでいろいろな方式が検討されてきた。しかし，メモリ性，駆動方法，コントラスト，印字速度などの問題で，電子ペーパー用途としてはコレステリック液晶と双安定ネマティック液晶に絞られてきている。

積層型コレステリック液晶は，メモリ性のある明るい反射型カラー表示を得る最も有力な方法である。パッシブマトリックス駆動の場合には，汎用のICを用いると表示するのに時間がかかり，高速書き込み可能な専用のICにするとコストアップになる。視差や重さの関係で，ガラス基板を用いるよりも薄いプラスチック基板を用いることが好ましく，ロールツーロールなどの低コストフィルムプロセスを確立することが課題である。富士通フロンテックから商品化され，今後の展開が期待される。

光アドレス方式は，書き換え時間や表示性能の点で有利な方式である。書き込み装置と電子ペーパーとが分離されていることが特長であり，システムとしてどのような使い勝手を提供し，市場開拓していけるかが課題である。

双安定ネマティック液晶は，メモリ性のある明るい白黒表示を得る有力な方法である。プロセスも部材も液晶技術をベースにしているため，液晶産業の発展とともにコストダウンされていく可能性がある。TFT駆動もパッシブ駆動も可能であり，用途による使い分けが可能である。しかし，カラーは偏光板とカラーフィルタを用いているため，原理的に暗くなる。仏ネムオプティック社などにより商品化されており，フィルム化やコストダウンなどが今後の進展に大きくかかわると思われる。

3.2 エレクトロクロミック方式

3.2.1 エレクトロクロミズム（EC）の原理，開発の歴史と経緯

刺激により可逆的な色調，色彩変化を示す現象はクロミズムとよばれ，古くから知られてきた。近年では，物質の色調，色彩に加え散乱，反射などさまざまな光学的・視覚的な可逆的変化をクロモジェニクスという言葉で定義し，1つの技術領域を形成している。クロミズムが現象を示す言葉であるため，刺激が光であれば「フォト」クロミズム，電気エネルギーであれば「エレクトロ」

クロミズム，熱であれば「サーモ」クロミズム，溶媒であれば「ソルバト」クロミズムといわれる。

エレクトロクロミズム（electrochromism；EC）は，このように電気エネルギーによる可逆的な光学特性変化をさすが，一般的には電気化学的な酸化還元反応によってひき起こされる物質の色調・色彩の可逆的変化であり，電流（電気量）で変化をひき起こすタイプの現象である。電池の充電・放電と類似の現象と考えることができる。すなわち，この色調・色彩変化は電極から物質への電子の出入りに伴う物質の電子状態変化に起因しており，電気エネルギーによる色調・色彩変化といっても，いわゆる高分子分散型液晶や電気泳動などの電界駆動タイプとは分けて考えられる。

EC材料やその開発の歴史，電子ペーパー開発に関する経緯を紹介する前に，EC素子のセル構造について簡単に述べる。ECセルは電気化学セルであるため，電池と同様，図3.13に示すように一対の電極で電解質層をはさむ構造をもつ。発色を視覚的に見るため，発色を起こす電極には透明電極が用いられる（図3.13の場合は陰極）。その電極上で電気化学反応を誘起させるため，発色層を電極上に塗布する系や，発色性を有する材料を電解液に溶解する系が一般的である。電解質層としては，液体，無機固体，高分子，ゲルが用いられるが，電池と同様，イオン伝導度の高い系が望まれる。

ECセルは2次電池と同様，陰極と陽極からなる2電極式であるため，発色電極の電気化学反応で費やされる電荷量と同じ電荷量が対極でも消費される。図3.13においては，消色している材料が還元反応により発色し，その電荷量を補償するため対極（陽極）では還元された電荷量と同じ電荷量が酸化反応に費やされていることを示している。そのため，対極において，発色電極の電荷

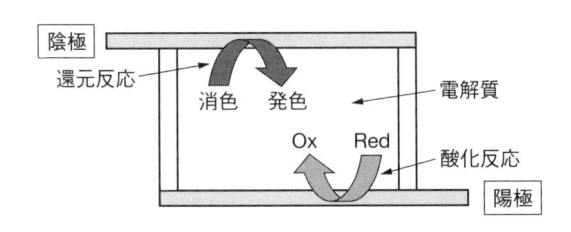

図3.13 典型的なECセルの構成と発色機構

量を補償するしくみが必要となる。充放電可能な2次電池のように、図3.13に示すような電気化学反応が誘起される対極を用いることで発色効率は向上する。対極での電気化学反応が色変化を伴い、それが発色電極の色に干渉する場合は、電極間にたとえば白色反射層を入れればよい。ECを窓ガラスのような透過型で利用しないのならばこの方式をとることができ、反射型の情報表示には有効である。

さて、実際に発消色を担うEC現象であるが、この現象は古くから知られており、たとえば、ヨウ素の可逆的な酸化還元反応を利用した発消色素子などは、1930年代に報告されている。EC特性を示す材料としては無機化合物が古くから研究されており、とくに酸化タングステン（WO_3）は広く認知されている。これを用いたEC表示素子はデブ（S. K. Deb）[8]らによって最初に提案され、ファウナン（B. W. Faughnan）[9]らによってその発消色機構が解明された。

具体的には、電極上に形成されたWO_3層に、図3.14に示すように、電極から電子が、また電子が注入されたWO_3層の電気的中性を保つため電解質層からカチオン（＋イオン）が注入される、いわゆる電気化学還元反応により発色が起こる。発色はWO_3成膜法やセルの大きさなどにもよるが、応答時間100ミリ秒弱、くり返し特性10^7回以上が得られている[10]。

その他多くの金属酸化物においてもECが認められ、多色発色の可能性、低駆動電圧、メモリ性などさまざまな特徴が示されるにつれ、情報を視覚の変化として伝達できる表示素子（electrochromic display；ECD）への展開が25年近く前に期待された。

とくに、CRTディスプレイなどの発光型と異なり受光型であるため、直射

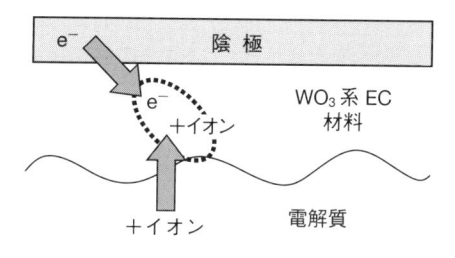

図3.14　WO_3系EC材料の発色機構（電荷移動のメカニズム）

日光下でも見やすく，連続使用時に問題となる眼の疲労が低減できること，液晶と比較して視野角の依存性がないことなどから，新しい表示システムへの展開に期待がもたれた。

しかしながら，電気化学反応が物質（イオン）移動を伴うため応答速度が遅いことなどから，1980年代にECDを用いた時計や，株価・債権などの経済情報表示板がテスト販売されたものの生産は中止されてしまった。ましてや，より高速性が要求されるテレビなどのモニタ系には利用されていない。

このような背景から，ECの応用展開は高速な応答性をそれほど必要としないものへと移行した。近年，環境問題の観点から自然エネルギーの有効利用が大きな注目を集めているが，ECも，太陽エネルギーを制御・利用する，いわばパッシブソーラーシステムへの展開が注目されている。太陽電池のようにアクティブに太陽エネルギーを利用するのではなく，太陽エネルギーの透過量を制御し，部屋の冷暖房効率を向上させるような「カーテンレス」調光ガラス（スマートウィンドウ）への展開が検討されている。これらの検討は北欧や米国など気象的に過酷さのある地域で盛んに行われており，WO_3を典型例とする金属酸化物が赤外域に大きな吸収をもつことも断熱効果の観点から有利で，欧米ではすでに実用化されているものもある。

また，それ以外にも調光性の観点から普及しているものとして自動車用防眩ミラーがあり，主要メーカーの車に搭載可能である。EC材料として有機物を用いた防眩ミラーも実用化されている。

このようにデバイスが実際に実用化されている状況下，従来の動画対応とは異なる表示媒体として電子ペーパーという新たな展開が提案された。ビデオスピード・動画対応の情報表示媒体には適応困難だが，多色発色が可能である，メモリ性を有するというEC方式の特徴的な利点が再度見直されたわけである。新規の情報表示媒体である電子ペーパーへの展開という目標が，ECの研究を再度活性化したといえる。

3.2.2 開発動向

ECの情報表示素子への展開は前述したように25年ほど前に盛んに行われ，日本でも，変動がそれほど多くない数値表示ボードや分単位で表示する7セグ

メントの時計などが開発された。スクリーン印刷による製法も当時から提案されていた。

　電子ペーパーへの展開では携帯性，フレキシブル，省電力などが期待されているが，電子ペーパーを意識したECセル基本構成のコンセプトは以前の検討から大きく変わってはいない。携帯性という意味では，サングラスや防眩ミラー，カメラファインダが実用化されているように，小型・信頼性の高いものがつくれることは明らかである。すなわち，電子ペーパーの展開に対応する土壌は，じつはかなり前から構築されていたといえる。

　しかしながら，フレキシブルという点では，以前は電子ペーパーという概念が定着していなかったためか，試作段階の検討は認められるものの（図3.15)[11]，それを積極的に開発・素子化した例はほとんどない。フレキシブルな表示には金属酸化物を塗布したフレキシブル電極が必要となるが，どの程度のフレキシブルさが必要かという議論はあるものの，金属酸化物が折り曲げに対して不利であることは否定できない。さらに，金属酸化物のEC特性はその製膜法に依存することを考えると，熱，プラズマなどにも耐えられ種々の製膜法に対応できるフレキシブル電極の開発も必要となってくる。

　省電力は，電流駆動であるECをほかの系と比較する場合よく議論になるところであるが，ここではEC内での比較ということで，発色効率（エレクトロクロミック効率）を考える。発色効率は単位注入電荷量あたりの吸光度変化と定義でき，金属酸化物の場合，製膜法，セル構成に大きく依存するが，20〜100 cm^2/C と有機系発色材料に比べて小さい[12]。駆動に要する電荷量は液

図3.15　WO_3 とPBを両極に有するフレキシブルEC素子

晶系では $\mu C/cm^2$ 程度であるのに対し，EC では mC/cm^2 以上の電荷量を有する。したがって，電子ペーパーなど省電力が大きく期待されるものに対しては，発色効率が優れた発色層やセル構成の開発が要求される。一般の金属酸化物系 EC の応答速度は，製膜法により 100 ミリ秒から秒の幅をもち，EC としては典型的な値である。金属酸化物のくり返し特性は一般的に優れており，平均して 10^6 回以上を達成している。これは約 1 分間隔で書き換えをくり返した場合でも 2 年近く安定に駆動できることを意味しており，電子ペーパーに展開するための要件を満たしている。

近年の電子ペーパーをめざした研究で顕著な動向を示したものとして，エレクトロデポジション（電解析出）があげられる。電解析出も基本的には電気化学反応を利用しているため，広義の EC と考えることができる。2002 年，銀イオンの電解還元を利用した白黒表示素子をソニーが提案し，注目を集めたが，それ以前の電解析出の歴史についてまず概略する。

電解析出は簡単に考えれば金属イオンの電解還元，いわゆる金属メッキであり，1920 年代には溶液中の Zn^{2+} の電解還元による Zn 析出を利用した系が報告されている。その後，1996 年に Bi を電解析出することで良好な白黒表示ができることが報告された[13]。電気化学反応を利用しているわりに応答速度は速く，Bi^{3+} イオンの状態ではほとんど無色であるため白色反射板の白が強調され，良好なコントラストが得られる。Cu^{2+} を添加することで電解析出・溶出の可逆性が改善されることも報告されている[14]。

セル構成は，ITO 作用電極とポリエチレン／カーボンからなる対向 ITO 電極で，Bi^{3+} と Cu^{2+} を含む電解液をはさんだ単純な構成である。水溶液系を用いた場合，電解液の pH が 1.5 程度と低く，ITO 電極の劣化が心配されるが，駆動電圧・駆動モードを調整することで劣化を低減できると報告されている。

Bi 系はこれ以降も着目を集めており，大日本インキにおいて Bi 系を紙素材であるセルロースと組み合わせた報告がなされている。千葉大学でも Bi 系の EC に着目しており，酸などの過酷な条件を用いない非水溶媒系でも良好なくり返し特性が発現できている[15]。

一方，ソニーから報告された銀イオンを用いた系であるが，銀塩を溶解したゲル状の電解質と TiO_2 からなる白色電解質層を一対の電極ではさむセル構成

をもち，これを電解還元することで明瞭な黒表示ができると報告されている[16]。銀はイオンの状態では無色であるため，TiO_2 に由来する白色の反射率は70％以上と高く，またコントラスト比も20：1以上と非常に大きい。駆動電圧3.0 V以下で，応答速度も100ミリ秒以下と速い。電解質に高分子イオン伝導体が用いられているのが安定性向上の特徴と考えられる。

　これ以外にもECを用いた電子ペーパーへの展開が活発化している。前述したようにECはその応用に「飢えていた」感があるため，電子ペーパーはその応用展開として非常に魅力的な対象となる。ECを用いた白黒表示など2値表示に関しては，すでに安定性や実用化がなされている金属酸化物が有利であるが，現在の新聞でも一般的となってきたカラー表示を目的とすると，がぜん有機物のEC材料が有利となる。色素や金属錯体，導電性高分子をはじめとする有機化合物のECは，多色発色や発色効率の観点から近年においても数多くの報告があるものの，それらを電子ペーパーに展開する検討はまだあまり表に出てきていない。

　金属酸化物系と比べこれら有機系の特徴は，やはり発色種の多彩さで，加法混色系の赤(R)，緑(G)，青(B)や減法混色系のシアン(C)，マゼンタ(M)，イエロー(Y)をはじめその混合色の発現も可能である。電子ペーパーも白黒表示，マルチカラー表示，フルカラー表示とその要求が上がっていくであろうことを考えると，単一種での種々の発色や積層による多色化が期待できるECは将来的に有力な候補となりえる。

　4,4′-ビピリジンのジカチオン体であるビオローゲン誘導体（図3.16中の芳香族化合物）は四級化する化合物を変えることで種々の発色が可能である[17]。ビオローゲン誘導体以外にも表3.2に示すような色素がEC材料として知られている[18]。これらはいずれも金属酸化物系に比較して高い発色効率を示し，ビオローゲン誘導体（175 cm^2/C）を上まわる化合物も多く存在する。ジカチオン状態のビオローゲン誘導体は，分子構造にもよるが水などの溶媒に可溶であり，還元することで発色するとともに電極上に固定されるため，電解質層にそのまま溶かした状態または電極上に修飾した高分子フィルム中に固定した状態で利用される。しかしながら，分子自体の拡散や分子間での電荷移動が律速となり，それほど速い応答速度を達成できない。

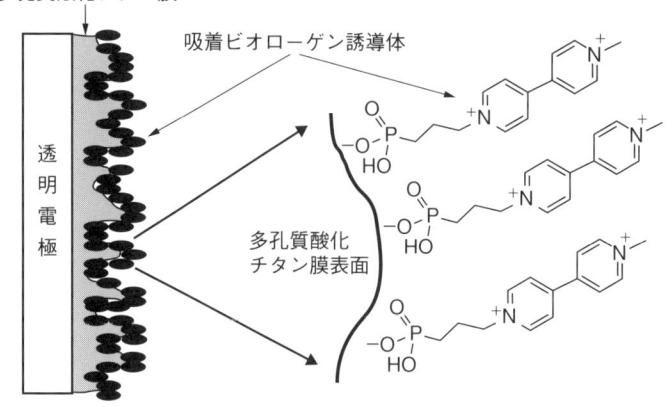

図 3.16 ビオローゲン誘導体吸着 TiO_2 ナノクリスタル電極の模式図

　一般的な EC の短所と考えられている応答性であるが，ビオローゲン誘導体を電極上に形成した酸化チタン（TiO_2）ナノクリスタル上に吸着させ，改善している例が提案され[19]，電子ペーパーをめざした検討がなされている。TiO_2 は，色素増感太陽電池と同じ手法で透明電極上に数 μm の薄膜として調製され，多孔質であり，電極形状面積の 1000 倍以上の実効表面積をもつ。ビオローゲン誘導体は静電的に TiO_2 上に固定されるため，表面濃度が非常に高いものとなる（図 3.16）。ビオローゲン誘導体を吸着させた TiO_2 ナノクリスタル電極と，フェノチアジン誘導体を吸着させた Sb ドープ SnO_2 ナノクリスタル電極に，電解質を組み合わせたデバイスが試作されており，1.2 V 駆動で数千

表 3.2　各種酸化還元系有機色素の発色効率

酸化還元系色素	λ_{max}（nm）	発色効率（cm^2/C）
インジゴブルー	605	160
トルイレンレッド	540	150
メチレンブルー	660	420
ナイルブルー	630	635
レソルフィン	570	325
メチルビオローゲン	605	175

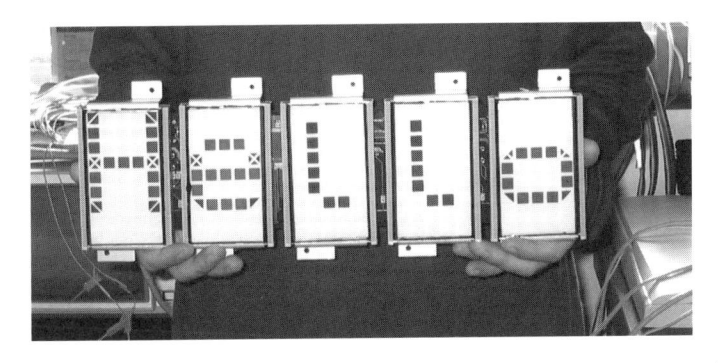

図3.17　ECを利用したマトリックス表示（提供：Dr. M. Ryan, NTera Ltd.）

回のくり返しが可能である。TiO_2 が半導体であるため，未修飾の透明電極と比べ TiO_2-ビオローゲン間の電荷移動が効率的に起こるとともに，高い表面濃度のため高速で高い発色効率を有する系を構築できる特徴をもっている。実際，発色効率は，TiO_2 ナノクリスタルを用いない場合の20倍程度改善されることが報告されている。TiO_2-ビオローゲン間の非常に速い電子移動と，その電荷を補償するイオンの多孔質電極内での速い移動の結果，高速な応答が可能となっており，応答速度がミリ秒程度であることが報告されている。

　この方式は現在幅広く検討されており，電子書籍などをめざした開発もこの系において最も行われている。実際，この方式を用いた表示デバイスのデモ機が，学会などでも展示されている（図3.17）[20]。図に示した例は，ビオローゲン誘導体を吸着させた TiO_2 ナノクリスタル電極と Sb ドープ SnO_2 ナノクリスタル電極で白色反射板を含む液体電解質層をはさんだもので，良好なくり返し特性を有している。電子ペーパーへの本格的な展開には，より精細なマトリックス駆動が望まれるが，スクリーンプリントによるこの方式の EC デバイスの試作も報告されている[21]。いろいろな試みが盛んに出てきており，今後発展が望まれる方式と考えられる。

　カラー化を意識したとき，ECでどのような色を発現すればカラー対応の電子ペーパーとして有効であろうか。電子ペーパーは，省エネルギーの観点からテキストや画像情報保持にエネルギーを消費しないことが望まれるため，発光型よりもむしろ反射型のディスプレイとして位置づけられる。したがって，カ

ラー表示における 3 原色は赤，青，緑ではなく，写真や印刷と同様，シアン，マゼンタ，イエローが望まれる。

千葉大学では反射型ディスプレイの観点から，種々の有機物に関して検討を加え，フタル酸エステル誘導体や類似化合物がシアン，マゼンタ，イエローの明瞭な EC 発色可能であることを，視覚的ならびに色度座標的に示した[22]。誘導体の電気化学特性を解析し，セル構成などを改善した結果，1000 回以上のくり返し特性にも耐えうる EC セルの構築が可能である。さらに，これら 3 つのセルを 3 層積層し，それぞれ独立に発消色させることで，青，赤，緑ならびに黒の表示が可能であることを初めて報告した[23]。また前述したとおり，EC は電池と同じセル構成をもつため，フレキシブル電極基板と高分子イオン伝導体を用いることでフレキシブル化も可能である（図 3.18；口絵）。さらに，EC セルの駆動方式を工夫することで階調性の発現が可能となり（図 3.19；口絵）[24]，3 層積層構造の実現とあいまって，フルカラー表示の可能性を強く示唆できた。技術的に先行しているカプセル型電気泳動系と異なり，実用化にはまだまだ改善しなければならない点が多いが，これだけ明るく明瞭な色を示す反射型方式はほとんどなく，今後の進展が期待できる電子ペーパー技術といえる[25]。

3.2.3　今後の課題ならびに展望

EC の発色材料を中心に，電子ペーパーへの展開も含め紹介してきた。ピクセル表示や高精彩という観点からはまだ不十分であるが，コントラストなどにおいては，かなり見やすい表示が得られている。現在，TiO_2 ナノクリスタル電極に吸着させたビオローゲン誘導体を中心に検討が進んでいるが，有機物のもつ分子構造の多様性は，鮮明な色と多色発色を発現できるため，興味深い展開に進展する可能性をもっている。EC は電流駆動であるため消費電力に不安がもたれているが，電解質，対極の構成も含めて発色効率を上げる努力がなされている。実際，スイッチング頻度とメモリ時間を適当に割り当てた場合の消費エネルギーが報告されており，消費電力，数 $\mu W/cm^2$ のものも可能である[21]。今後，現在活発化している材料やシステム面での研究でブレークスルーがなされ，関連の関心が深まれば，電子ペーパーの市場での興味とあいまって，飛躍的に大きな展開がなされる可能性を秘めている。

3.3 MEMS方式

3.3.1 MEMS方式の原理・開発の歴史と経緯

1980年代からフォトリソグラフィーなどの半導体加工技術やレーザなどの微細加工技術による,マイクロメーターサイズの立体構造をもつMEMS(micro electro mechanical system)技術の開発が活発に行われるようになった。その応用デバイスは,加速度センサ,インクジェットプリントヘッド,圧力センサが代表例であり,ディスプレイ分野では,複数の微小ミラーを平面に配列し,そのミラーの傾き角により光の反射方向を制御するDMD(digital micromirror device)があり[26],投射型ディスプレイとして広く実用化されている。

一方,DMDのような投射型ではなく,直接見る反射型ディスプレイにおいても,MEMS技術を用いた可動機構をもつ方式が提案されている。直視反射型で色を変化させる方式を整理すると,①光吸収層の吸収係数を変化させる,②光吸収層の厚みを変化させる,③光吸収層を移動させる,④光の干渉効果を利用する,に大別される。そのうち,MEMS技術を用いたディスプレイでは,光の干渉効果を利用するiMoD(interferometric modulator)や,光吸収層を機械的に移動させるAFD(actuated film display)が提案されている。どちらも薄膜フィルムを静電力で吸引動作させることにより,表示を切り替えるものであり,その基本原理は1970年代ごろからすでに提案されていた。その後,MEMS技術の進展に伴い,小型で低電圧で駆動可能な消費電力の少ない反射型ディスプレイが実現された。

以下に,MEMS技術を用いた代表的な反射型ディスプレイ方式を紹介する。

3.3.2 光干渉変調方式

自然界の蝶や孔雀の羽に見られる鮮やかな色の表示と同じく,薄膜の光干渉により反射光が特定の色に変換する方式のディスプレイが提案されており,iMoDとよばれている[27]。図3.20に示すように,各画素はガラス基板上の積層フィルム層と,その下に柱で支えられた金属の反射膜からなる簡単な構造で,MEMS技術によって作製可能である。反射膜と積層フィルム層のあいだには空気が封入されており,反射膜からの反射光は間隙の大きさに応じて色が変化

する。すなわち，赤・緑・青（RGB）の順に間隙はせまく作製される。積層フィルム層と反射膜のあいだに電圧をかけると，静電力により反射膜が積層フィルム層に密着して間隙を埋める。このとき，反射光は干渉により紫外域にシフトしてしまい，可視光はほとんど吸収されて黒色に見える。電圧を切ると反射膜が元に戻り，間隙に応じた干渉色が表示される。カラー表示する場合は，RGBの画素を並置することにより実現される。ただし，1画素は黒色と特定単色の2値表示であるため，マルチカラー化のためには1画素を複数のサブ画素で分割構成し，面積変調による階調表示を行う必要がある。

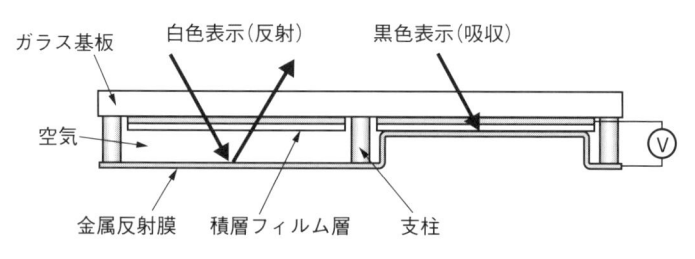

図 3.20　光干渉変調方式 iMoD の基本構造

　反射膜が積層フィルム層に密着した状態と離れて間隙が形成された状態では，電気的な双安定性を有しており，表示メモリ性を有する。また，表示の保持や切り替えの動作保証温度範囲も広いという特徴がある。
　本方式は，液晶パネルで必要とされる偏向板やカラーフィルタが不要であり，反射光の色を直接変調しているため，従来の反射型カラー液晶パネルに比べ，約2倍となる30%の反射率を実現する。画素サイズは10〜100 μmで作製でき，200 dpiという高解像度な表示も実現可能である。応答速度は数十マイクロ秒と非常に高速で，動画表示性能も有する[28]。

3.3.3　片持ち梁可動フィルム方式
　印刷物のように，白い板の上に色の付いたフィルムを重ねて表示する方式として，片持ち梁可動フィルム方式が提案されており，AFDとよばれている[29]。カラー液晶パネルでは，カラーフィルタを使ってRGBを並置した加法混色方式をとっているが，反射型でこの方式を用いると各色の開口率が1/3となり色

再現範囲がせまくなってしまうほか，反射率が低く，鮮やかな白が出せないという問題があった。本方式では，カラー印刷の表色方法を踏襲して，シアン・マゼンタ・イエロー（CMY）の色フィルムを積層させる減法混色方式を採用する。

　図3.21は片持ち梁可動フィルム方式の基本原理を示すもので，瓦屋根状に白フィルムが並び，その隙間から色フィルムを出し入れする。これらの色フィルムは，垂直に立った片持ち梁のフィルムの先端に取り付けてあり，片持ち梁フィルムを静電力によって図中の左右方向に振らせることにより，色フィルムを隙間から差し入れし，白フィルムの上に重ねる。片持ち梁フィルムの表面には金属膜が蒸着されており，それと対向して固定電極が配置する。片持ち梁と固定電極はコンデンサを形成しており，両者に電位差が与えられると，静電力により片持ち梁がたわむしくみである。固定電極の表面は短絡を防ぐための絶縁膜で被覆されている。カラー表示の場合，図3.22に示したようにCMYの3色のフィルムを重ね，個別に動かすことにより実現され，片持ち梁の幅は色フィルムの幅に対して1/3となる。試作されたパネル例では，画素サイズが2×0.5 mmで，これをサブ画素として4枚を1組として画素を構成し，応答速度

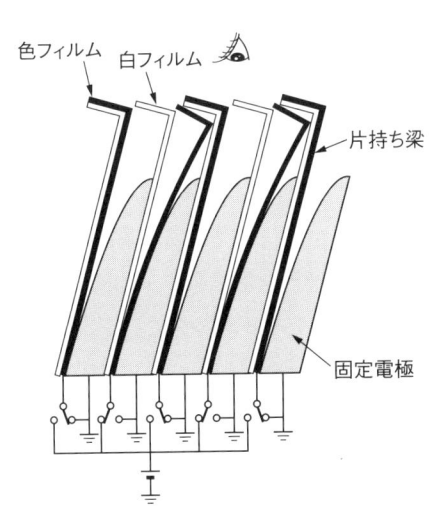

図3.21　片持ち梁可動フィルム方式AFDの基本構造

は20ミリ秒を実現した[30]。このときの片持ち梁の長さは5 mm, 厚みは16 μmで, 固定電極上の絶縁膜が5 μmのときには電圧60~80 Vで先端部の変位500 μmが発生した。画素がより小さくなり, 少ない変位量ですめば, 駆動電圧は低くなる。本方式では, 画素の動作が駆動電圧に対してヒステリシス特性をもつため, 構成がシンプルなパッシブマトリックス駆動も可能である。

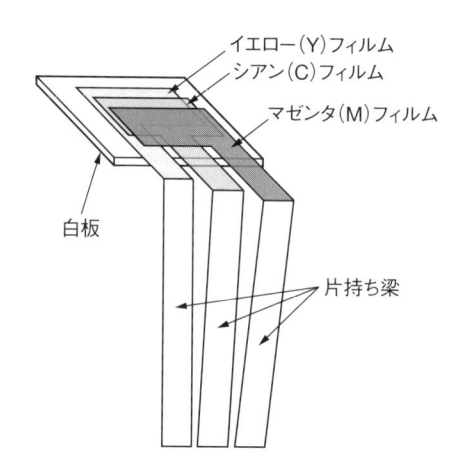

図3.22 片持ち梁可動フィルム方式AFDのカラー表示方法

3.3.4 MEMS方式の課題と展望

今回紹介した光干渉変調方式iMoDや片持ち梁可動フィルム方式AFDは, 薄いフィルムを静電力で機械的に動かす方式である。このような方式の場合, 画素のサイズや可動部の変位量によって駆動条件が異なり, 大きくなるに従って高い電圧が必要となる。表示色は基本的に2値表示であるため, 階調表示にはサブ画素を構成して面積変調する必要があり, フルカラー化には画素の超微細化などの課題がある。それぞれの方式のデバイス構造や製造コストに適したサイズや表示色数での実用化が検討されると考えられる。今後, 光干渉変調方式は, 携帯電話や腕時計のような屋外での活用が重視される機器や, 自動車の計器表示のような広範囲な環境下で信頼性が求められる表示デバイスとして有望と考えられる。片持ち梁可動フィルム方式は, 紙のような白さと明るいカラー表示を活かせる大型電子掲示板への応用が期待される。

3.4 エレクトロウェッティング方式

3.4.1 原理,開発の歴史と経緯

エレクトロウェッティング(electrowetting)とは,固体の表面に電位差を与えることで見かけの濡れ性が変化する現象である。

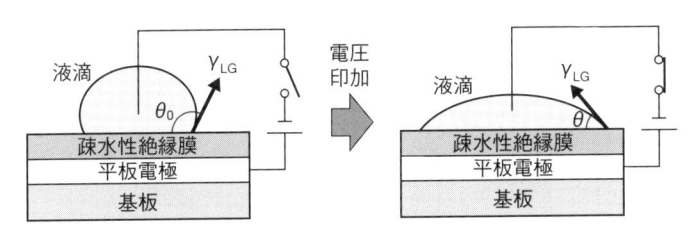

図 3.23 エレクトロウェッティングの原理図

図 3.23 に示すように,疎水性絶縁膜上に液滴を置き,絶縁膜の下の平板電極と液滴中に差し込んだ針状の電極間に電圧を加えると,液滴と平板電極間に形成されるキャパシタの静電エネルギーぶんだけ表面エネルギーが減少することで,接触角が減少する。電圧印加時の接触角 θ は,次のリップマン-ヤングの式で表される。

$$\cos\theta = \cos\theta_0 + \frac{\varepsilon_0\varepsilon}{2d\gamma_{LG}}V^2 \qquad (3.4)$$

ここで,θ_0 は電圧が印加されていない状態での接触角,ε は絶縁膜の比誘電率,γ_{LG} は液体の表面張力,d は絶縁膜の厚さ,V は印加電圧である。

このエレクトロウェッティング現象は古くから知られており,マトリックス状に配置した電極を使って液滴を移動・合体・分離する液滴輸送システムや,水中での油滴や気泡の輸送に利用されている[31]。現在は,微小化学分析システム μTAS(micro total analysis system)や,チップ上に各種ラボプロセスを集積化させたラボ・オンチップ(lab on a chip)への応用が研究されている。また,人間の眼の水晶体に似た動きをする液体レンズとしても実用化されており,容器の中の水と油の境界面の形状を電気的に動かして光の屈折度を調整するレンズである。機械的な機構をもたず,小型で高速な動作を実現することから,携

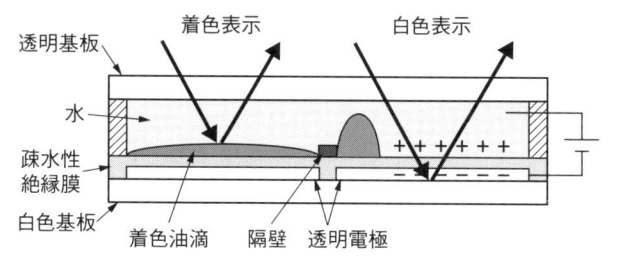

図3.24 エレクトロウェッティング方式ディスプレイの原理

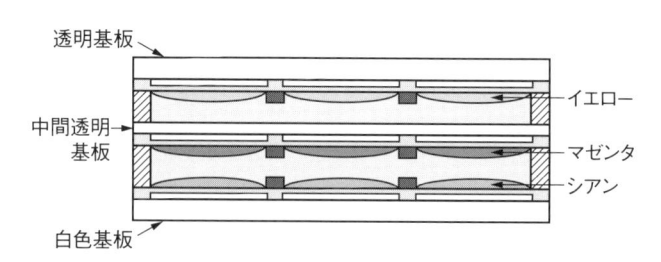

図3.25 エレクトロウェッティング方式による3層カラー表示構造

帯電話などのカメラへの適用が期待されている。

2003年，このエレクトロウェッティング現象を用いた反射型ディスプレイ方式が提案された[32]。本方式の表示デバイスは，図3.24に示すように，白色基板の上に透明電極と疎水性絶縁膜を積層し，着色した油滴を画素に滴下して，水といっしょに封入した構造である。

画素の透明電極と水のあいだに電圧をかけることで，濡れ性が変化して着色油滴が変形し，下地の白色が表示される。電圧をかけない状態では着色油滴は元どおりに画素全体に広がって，油滴の色が表示されるため，表示のメモリ性はない。非常に応答速度が速く，反射率も高く，消費電力も少ないという特徴がある。また，液体を基板ではさむシンプルな構造であるため，液晶パネルの製造ラインを転用でき，低コスト化も期待される。カラー化については，液晶パネルと同じように黒色油滴による光学スイッチングとRGBのカラーフィルタを組み合わせて実現する方法のほか，図3.25に示したようなCMY3層の油滴を積層する減法混色によるカラー表示も実現可能であり，RGBカラーフィ

ルタの加法混色よりも3倍の明るさが得られる。

3.4.2　開発動向

エレクトロウェッティング方式の反射型ディスプレイは，最初にRoyal Philips Electronics社から提案され，その後2006年にスピンアウトしたベンチャー企業Liquavista社が，携帯機器向けのディスプレイとして開発を進めている。図3.26にLiquavista社によるモノクロ単層のディスプレイデバイス構造を示す[33,34]。画素サイズは160 μm角で，セルギャップは50 μm，画素間の隔壁はフォトリソグラフィーで高さ5 μmに作製，油液の厚みは6 μmである。電圧20 Vの印加により画素全体の80%近くまでが白色領域となり，反射率40%以上，コントラスト比15の表示を，応答速度10ミリ秒以下で実現している。階調表示は，印加電圧の大きさで制御する方法と電圧パルスの印加時間で制御方法が提案されている。また，画素の駆動方式としては，直接個々に駆動制御するセグメント表示のほかに，パッシブマトリックス表示やアクティブマトリックス表示も試作されている。

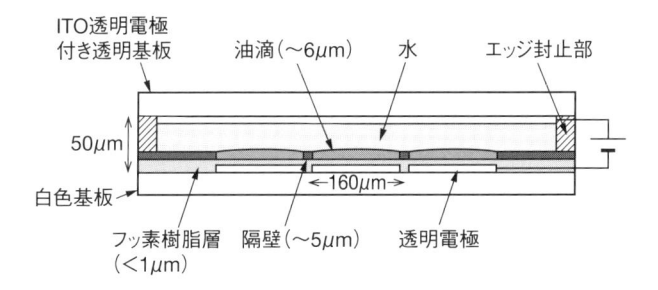

図3.26　エレクトロウェッティング方式ディスプレイの試作構造例（Liquavista社）

他の開発例として，2007年ドイツのPforzheim大学が異なる画素形状のディスプレイを提案した[35]。図3.27に示すように，表示画素とは別にリザーブ領域をもち，そのあいだの流路に設けられた複数の電極アレイの電圧を順次切り替えて駆動することによって，油滴を移動させる方法である。なお，リザーブ領域を隠すための3次元的な構造の工夫が必要である。

その他，エレクトロウェッティングを用いたデバイスとして，白色基板の代

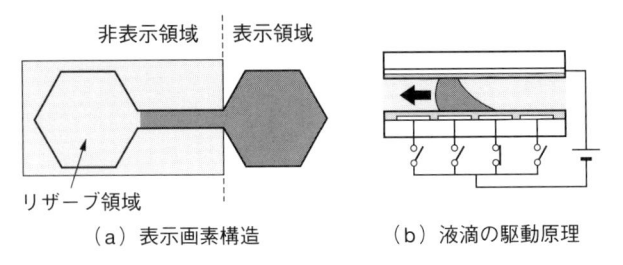

(a) 表示画素構造 　　(b) 液滴の駆動原理

図 3.27　エレクトロウェッティング方式ディスプレイの試作構造例（Pforzheim 大学）

わりに透明な導光板を用いた透過型ディスプレイも提案されている。白色 LED の光源と RGB の油滴の組合せ[36]や，青紫 LED の光源とそれに励起されて RGB を示す蛍光油滴の組合せ[37]が検討されている。

3.4.3　課題と展望

　高速応答，高反射率，低消費電力という特徴をもつエレクトロウェッティング方式であるが，TFT によるアクティブマトリックス駆動を想定すると，駆動電圧の低電圧化が望まれる。そのためには，疎水性絶縁膜や油滴層の薄膜化が必要となる。また，図 3.24 に示したように，白色表示時に変形した着色油滴を収納するデッドスペースが画素内に必要であり，反射率向上のためにはそのデッドスペースの削減が求められる。

　エレクトロウェッティング方式は透明と着色を切り替えられる表示方式であるため，積層型の減法混色による明るい反射表示の実現が期待できる。そのための低コストのデバイス構造の開発が望まれる。

▼参考文献

1) G. H. Heilmeier, J. E. Goldmacher：A new electric field controlled reflective optical storage effect in mixed liquid crystal systems, *Proc. IEEE*, **57**, 34-38, 1969.
2) U. S. Patent, No.5,453,863, 1993.
3) 有澤　宏, 小林英夫, 小清水実, 柿沼武夫, 原田陽雄, 丸山耕司, 馬場和夫：「コレステリック液晶を用いた電子ペーパー　有機感光体による光画像書き込み」, Japan Hardcopy 2000 論文集, pp.89-92, 2000.
4) H. Harada, M. Gomyo, Y. Okano, T. Gan, C. Urano, Y. Yamaguchi, T. Uesaka, H. Arisawa：Full color A6-size photo-addressable electronic paper, IDW '07, pp.281-284, 2007.

5) J. Angelé, D. Stoenescu, I. Dozov, J. Osterman, J. D. Laffitte, M. Compagnon, T. Emeraud, F. Leblanc：New Development and applications update of BiNem Displays, SID 2007 Digest pp.1351-1354, 2007.
6) T. Fujisawa, H. Nakata, M. Hayashi, Y. Tani, K. Maruyama, M. Aizawa：Influence of alkyldiacrylate side-chains on electro-optical properties in liquid crystal/composite films, JSID, **10**(1), 49-52, 2002.
7) 関根啓子：「高分子分散型液晶を用いたデジタルペーパー」, 液晶, **6**(3), 289-294, 2002.
8) S. K. Deb：*Philos. Mag.*, **27**, 801-822, 1973.
9) B. W. Faughnan, R. S. Crandall, M. A. Lampert：*Appl. Phys. Lett.*, **27**, 275-277, 1975.
10) C. G. Granqvist：Handbook of Inorganic Electrochromic Materials, Elsevier, 1995.
11) N. Kobayashi, R. Hirohashi, H. Ohno, E. Tsuchida：*Solid State Ionics*, **40/41**, 491-494, 1990.
12) S. A. Roberts, D. R. Bloomquist, R. D. Willett, H. W. Dodgen：*J. Am. Chem. Soc.*, **103**, 2603-2610, 1981.
13) Polyvision Inc., 2nd International Meeting on Electrochromism, San Diego, 1996.
14) J. P. Ziegler：*Sol. Energy Mater. Sol. Cells*, **56**, 477-493, 1999.
15) 木村光晴, 小林範久：第100回日本画像学会研究討論会, p.73, 2007.
16) K. Shinozaki：SID '02 Digest, pp.39-41, 2002.
17) P. M. S. Monk：The Viologens, Wiley, 1998.
18) F. J. Green：The Sigma-Aldrich Handbook of Stains, Dyes, Indicators, Aldrich Chem, 1990.
19) A. Hagfeldt, N. Vlachopoulos, M. Grätzel：*J. Electrochem. Soc.*, **141**, L82-L84, 1994.
20) M. Ryan：NTera Ltd., private communication http://www.ntera.com/
21) H. Pettersson, T. Druszecki, L-H. Johansson, A. Norberg, M. O. M. Edwards, A. Hagfeldt：SID 2002 DIGEST, pp.123-125, 2002.
22) H. Urano, S. Sunohara, H. Ohtomo, N. Kobayashi：*J. Mater. Chem.*, **14**, 2366-2368, 2004.
23) 浦野 光, 小林範久：日本画像学会誌, **44**, 116-120, 2005.
24) 小林範久, 永島 健：2007年度日本写真学会秋季研究報告会講演要旨集, pp.13-14, 2007.
25) Y. Goh, S. Sunohara, M. Nishimura, N. Kobayashi：Proceedings of IDW/AD'05, pp.895-898, 2005.
26) J. B. Sampsell：An Overview of the Digital Micromirror Device (DMD) and Its Application to Projection Displays, SID'93 Digest, pp.1012-1015, 1993.
27) M. W. Miles：A New Reflective FPD Technology Using Interferrometric Modulation, SID'97 Digest, pp.71-74, 1997.
28) http://www.qualcomm.com/technology/imod/index.html
29) A. Sugahara, R. Lang, S. Shimizu, K. Sunohara：Reflective Electromechanically Actuated Film Display (AFD) for Direct Viewing, SID'99 Digest, pp.1110-1113, 1999.
30) 面谷 信監修：『デジタルペーパーの最新技術』, pp.86-93, シーエムシー, 2001.
31) F. Mugele, J. Baret：Electrowetting：from basics to applications, *J. Phys.*,：Condens.

Matter, 17, R705-R774, 2005.
32) R. A. Hayes, B. J. Feenstra：Video speed electronic paper based on electrowetting, *Nature*, **425**, 383-385, 2003.
33) R. van Dijk, B. J. Feenstra, R. A. Hayes, I. G. J. Camps, R. G. H. Boom, M. M. H. Wagemans, A. Giraldo, B. v.d. Heijden, R. Los, H. Feil：Gray Scales for Video Applications on Electrowetting Displays, SID'06 Digest, pp.1926-1929, 2006.
34) http://www.liquavista.com/technology/
35) K. Blankenbach, A. Schmoll, A Bitman, F. Bartels, D. Jerosch：Novel Electrowetting Displays, SID'07 Digest, pp.618-621, 2007.
36) J. Heikenfeld, A. J. Steckl：Electrowetting Light Valves with Greater than 80% Transmission, Unlimited View Angle, and Video Response：SID'05 Digest, pp.1674-1677, 2005.
37) J. Heikenfeld, A. J. Steckl：Electrowetting-Based Pixelation for Light Wave Coupling Displays, SID'05 Digest, pp.746-749, 2005.

第4章
書き換え表示技術と消色技術

4.1 サーマルリライタブル方式

4.1.1 サーマルリライタブル方式の開発の歴史と経緯

リライタブル記録とは，熱，光，磁気，電界，圧力などのエネルギーを与えて可視画像を形成し，その画像はエネルギーを与えることなしに保持され，再びエネルギーを与えることによって画像が消去され，そのくり返しが可能な記録である。リライタブル記録は熱を使う方式と磁気を使う方式がおもに検討されてきた[1,2]。このなかでも，とくに熱を利用したサーマル方式は，これまで感熱記録に使用されてきたサーマルヘッドなどの装置の技術がそのまま利用できるなど有利な点が多い。

サーマルリライタブル記録材料は，当初，高分子材料中心に検討され，その後，ロイコ染料の可逆性を利用する方向が検討された。表4.1にサーマルリライタブル方式の記録原理，主要材料，特徴を示す[1]。その記録原理は2つに大別できる。1つは，熱による相変化および相分離に伴う，光散乱性の変化や結晶性変化を利用した物理変化タイプである。もう1つは，熱による酸化・還元反応に伴う，ロイコ染料のラクトン環の開閉による発消色変化を利用した化学変化タイプである。物理変化タイプは保存性がよく，化学変化タイプは視認性がよいという特徴がある。

サーマルリライタブル方式で最初に実用化されたのは，透明状態と白濁状態が可逆的に変化する高分子／長鎖低分子分散型の物理変化タイプのサーマルリライタブル記録材料である。

高分子／長鎖低分子分散型サーマルリライタブル記録材料は，1979年にドイツで発明された[3]。このリライタブル記録材料は，発明当初は透明になる温

表4.1 サーマルリライタブル記録材料の記録原理，主要材料と特徴[1]

記録原理		主要材料	特徴
物理変化	内部空隙変化	高分子／長鎖低分子分散型[3,4]	加熱温度に依存して光散乱性変化
	ミクロ相分離変化	高分子／液晶[5]	冷却速度に依存して光散乱性変化
		ポリマーブレンド[6]	
	結晶性変化	高分子液晶[7,8]	冷却速度に依存して光散乱性変化 加熱温度に依存して色調変化（コレステリック高分子液晶）
		液晶中分子[9]	加熱温度に依存して色調変化
		結晶性高分子[10]	冷却速度に依存して光散乱性変化
化学変化	酸化・還元反応制御	ロイコ染料／両性顕減色剤[11]	加熱時間に依存して発色・消色変化
		ロイコ染料／顕色剤／有極性有機化合物[12]	高温消色，低温発色 過冷却タイプは常温で記録保持可能
		ロイコ染料／長鎖顕色剤[13]	加熱温度，冷却速度に依存して発色・消色変化
		ロイコ染料／顕色剤／可逆剤[14]	加熱温度，冷却速度に依存して発色・消色変化

　度幅がせまく，実用化しにくいものであった。本格的に研究開発が行われたのは日本であった。1986年からリコーの堀田らが検討を始め[4]，その後，複数の会社が開発を開始し，材料の工夫によって透明化する温度の幅の拡大や，くり返し耐久性の向上により，1991年ごろからおもにポイントカードの表示に使われるようになった[15]。

　次に実用化されたのは，感熱紙に広く用いられているロイコ染料を用いたサーマルリライタブル方式である。ロイコ染料とフェノール系の酸性物質との反応により発色する感熱紙は1960年代にNCR社により開発され，現在も広く利用されている。ロイコ染料の発色反応は可逆反応であるので，油脂，溶剤，可塑剤や塩基性物質などと接すると消色する。感熱紙ではこの消色現象は欠点となるので，顕色剤構造や保護層の検討により消えにくくなるように改良が進め

られてきた。ロイコ染料を用いたサーマルリライタブル方式は，ロイコ染料のこの可逆反応を積極的に利用したものである。

ロイコ染料を利用したサーマルリライタブル記録材料は，1980年代からいろいろな方式が検討されてきた。材料としては，感熱紙用のロイコ染料をそのまま利用し，顕色剤に"リライタブル記録"のための工夫がなされてきた。図4.1にロイコ染料と組み合わせてサーマルリライタブル記録材料に使われる顕色剤の例を示す。

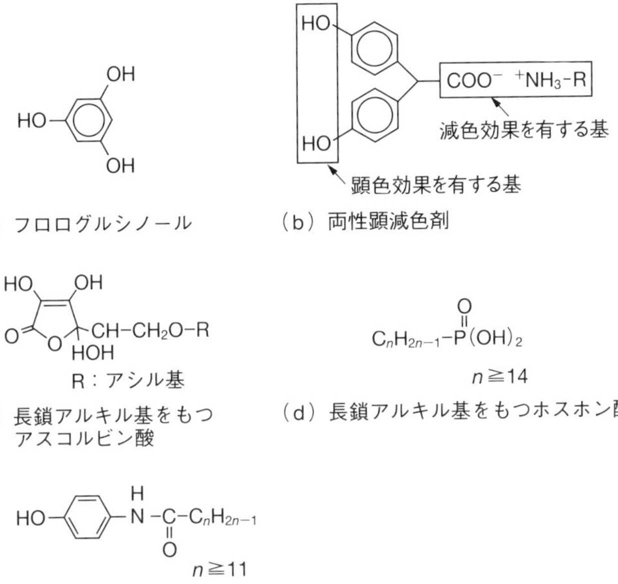

(a) フロログルシノール
(b) 両性顕減色剤
　　減色効果を有する基
　　顕色効果を有する基
(c) 長鎖アルキル基をもつアスコルビン酸　R：アシル基
(d) 長鎖アルキル基をもつホスホン酸　$n \geqq 14$
(e) 長鎖アルキル基をもつフェノール化合物　$n \geqq 11$

図4.1　サーマルリライタブル材料としてロイコ染料と組み合わせて使われる顕色剤

1982年にアップルトンペーパーズのフォックス（R. E. Fox）が，フロログルシノール（図4.1(a)）を顕色剤に用いてロイコ染料を発色させ，水や水蒸気により消色させる方式を提案した[16]。次に，1984年にパイロットインキの鬼頭らが，低温で発色し高温で消色するサーモクロミック材料から発展させた，サーマルリライタブル記録材料を提案した[12]。これらのうち，水や水蒸気で消去するタイプは画像の保存性に問題が生じるため実用にならず，低温で発

色し高温で消色するタイプはリライタブル記録ではなく，書いたあと消すことができるボールペンとして実用化されている。

その後，熱エネルギーのみで発色と消色をコントロールできる系が検討された。1990年に凸版印刷の渡辺らが，酸性成分と塩基性成分の両性質を備えた両性顕減色剤（図4.1(b)）を用いて，サーマルヘッドによるミリ秒単位の加熱による発色と数秒程度の加熱による消色をくり返すことができる，リライタブル記録材料を提案した[11]。

ロイコ染料を用いたサーマルリライタブル方式は，長鎖顕色剤を利用したタイプで実用化された。このタイプは，リコーの久保らが，1986～1990年に高分子／長鎖低分子分散型リライタブル記録材料の開発のなかで，長鎖低分子として検討されていた長鎖アルキル基をもつアスコルビン酸（図4.1(c)）や，ホスホン酸（図4.1(d)）とロイコ染料との組み合わせでリライタブル記録可能であることを発見したのが最初である[13,17]。その後，長鎖アルキル基をもつフェノール性化合物（図4.1(e)）を顕色剤として用いることが提案された[18,19]。

ロイコ染料と長鎖顕色剤を組み合わせたサーマルリライタブル記録材料は，1997年ごろからポイントカードの表示として使われ始め，非接触ICカード定期券の乗降駅と期限の表示[20]や工程管理用途[21]などに用途が広がっている。

画像記録材料として求められる一般的な特性は，サーマルリライタブル記録材料にも求められる。たとえば，高コントラスト，画像の安定性，記録および消去の感度，高解像度などである[1]。さらに，書き換えに対する耐久性はリライタブルとして重要な特性である。

次項から，実用化されている2つのサーマルリライタブル方式（"高分子／長鎖低分子分散型"と"ロイコ染料／長鎖顕色剤型"）の材料，構成，原理と実用化のための工夫およびカラー化や，レーザ記録などの最近の動向について記載する。

4.1.2　高分子／長鎖低分子分散型サーマルリライタブル方式

塩化ビニル系樹脂などの熱可塑性樹脂中に，脂肪酸などの長鎖低分子を分散した高分子／長鎖低分子分散型は，加熱後の冷却速度に依存せず，加熱温度の

違いだけで透明状態と白濁状態に変化するという特徴をもつ[3,4]。

　高分子中に分散された長鎖低分子は，非常に興味深い熱挙動を示す。すなわち，長鎖低分子の融点より高い温度から冷却した場合には，過冷却現象を起こし融点よりも30～40℃低い温度で結晶化する。一方，長鎖低分子が一部結晶で残る融点直下の温度から冷却した場合には，過冷却現象はほとんど起こさず融点直下で結晶化する。この過冷却現象は，長鎖低分子が高分子中に粒子状に分散された状態でのみ発現する。

　この過冷却現象を利用して，透明状態と白濁状態は図4.2のように制御される[22,23]。透明状態（D）から長鎖低分子の融点以上に加熱すると，融解した長鎖低分子と高分子の屈折率に差があるため，半透明状態となる（C）。ここから冷却すると，前述の過冷却現象により長鎖低分子は高分子の軟化温度よりも低い温度で結晶化する。長鎖低分子粒子は結晶化により体積収縮するが，周囲の高分子は硬くなっているので，その収縮に追随できず，結晶と高分子のあいだに空隙が形成される。長鎖低分子や高分子と空隙の屈折率差は大きいため，光は散乱され，白濁状態となる（A）。白濁状態（A）から融点直下まで昇温すると，長鎖低分子が一部融解して空隙を埋めるため，透明状態になる（B）。ここから冷却すると，過冷却現象は発生せず，高分子が軟化状態で長鎖低分子が結晶化する。このため，低分子粒子の体積収縮に周囲の高分子は追随し，空隙が発生

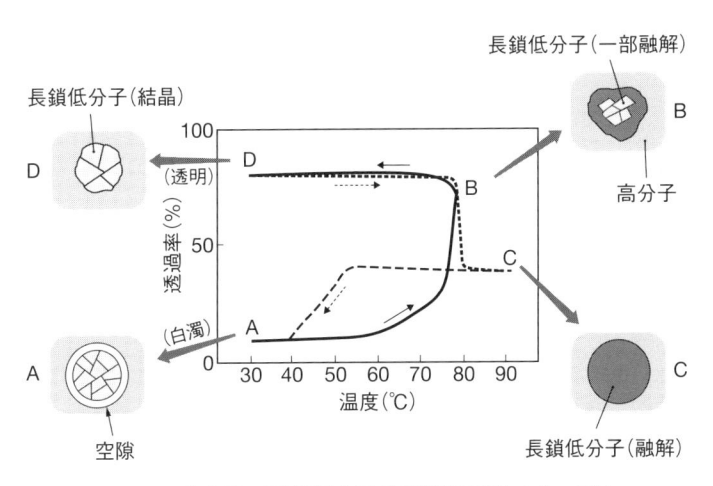

図4.2　高分子／長鎖低分子分散型の可逆メカニズム

しないので，光は散乱されず透明状態が維持される(D)。

このように，長鎖低分子が加熱温度の違いによる2つの結晶化温度を有することと，その2つの結晶化温度のあいだに高分子の軟化温度があることが，高分子と長鎖低分子の2つの材料だけで複雑な可逆変化をひき起こす要因となっている。

高分子／長鎖低分子分散型サーマルリライタブル記録材料が実用化されるためには，いくつかの大きな課題を解決する必要があった。

1番目は，透明化する温度範囲を広げることである。実用化に要求される1～2秒の加熱で透明化するには，10～20℃の温度幅が必要であった。このような温度特性は，融点の異なる2種類の長鎖低分子を混合することで達成された[24]。図4.3に示すように，融点79℃のベヘン酸（BA）と融点125℃のエイコサン二酸（EDA）を混合することにより，透明化温度範囲は20℃以上に拡大された。

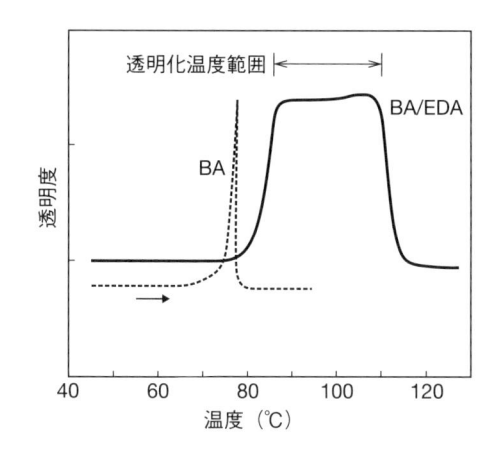

図4.3　高分子／長鎖低分子分散型の透明化温度範囲の拡大

2番目は，数百回レベルのくり返し耐久性をもたせることである。耐久性向上には，サーマルヘッドで加熱される際の熱と圧力に対して，長鎖低分子の分散構造が崩れないことが重要である。この課題は，高分子を熱や紫外線などにより適度に架橋させることによって，軟化温度を保持したまま高温時にもある程度の硬さをもたせることで解決された[25]。さらに，数百回のくり返し使用に

耐えうるよう，表面部に硬い保護層を設けることも重要であった[26]。

3番目は，画像コントラストを向上させることである。高分子／長鎖低分子分散型の白濁状態は，10～20 μm の厚みでは光を遮断するほどの性能はなく，入射した光の半分以上が透過してしまう。図 4.4 に示すように，記録層の背面にアルミ蒸着膜のような光を反射する層を設けることにより，記録層を透過した光を再度記録層に戻し再び光を散乱させることで，散乱する光の量を増加させコントラストを向上させることが可能となった。

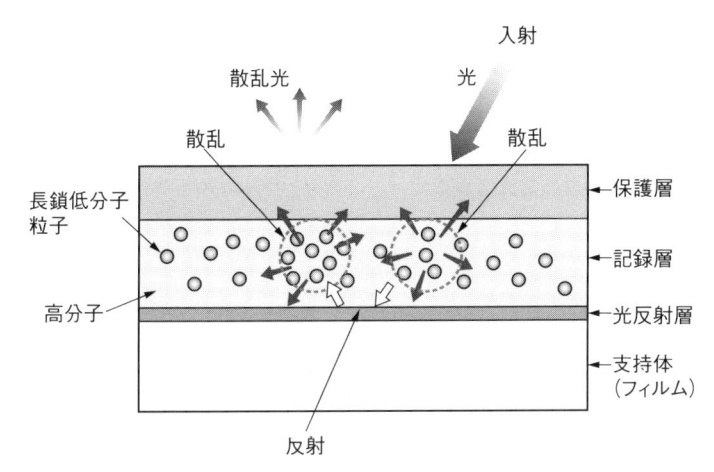

図 4.4　高分子／長鎖低分子分散型の光反射層によるコントラスト向上

以上のような課題を解決した結果，高分子／長鎖低分子分散型サーマルリライタブル記録材料が実用化された。

4.1.3　ロイコ染料／長鎖顕色剤型サーマルリライタブル方式

ロイコ染料と長鎖アルキル基をもつ顕色剤を組み合わせたサーマルリライタブル方式は，ロイコ染料の種類により黒，青，赤など任意の発色が得られるという特徴をもつ[27, 28]。

長鎖アルキル基をもつ顕色剤分子は，顕色剤自身の結晶化する力を利用してロイコ染料から顕色剤を引き離すことができ，発色状態と消色状態を制御できる[29]。

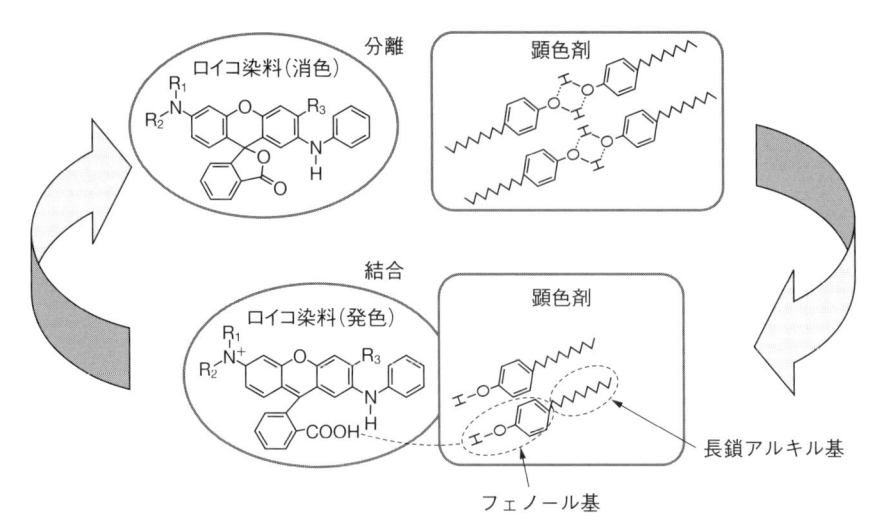

図 4.5　顕色剤の凝集構造変化によるロイコ染料の可逆発色・消色反応

　この発色状態と消色状態は，加熱により図 4.5 に示すようにロイコ染料と長鎖顕色剤の結合と分離により制御される。

　ロイコ染料／長鎖顕色剤型サーマルリライタブル記録材料の発色・消色プロセスと発色・消色現象の模式的なメカニズムを図 4.6 に示す。消色状態(A)から顕色剤の融点以上に加熱すると，融解してロイコ染料と反応し発色する(B)。ここから徐冷すると，ロイコ染料と顕色剤が分離して途中で消色状態(A)に戻るが，急冷すると，顕色剤がロイコ染料との結合を維持したまま規則性をもって凝集し，発色状態が固定される(C)。発色状態(C)から昇温すると，発色温度よりも低い温度でこの凝集構造が崩れ始め(D)，さらに昇温すると顕色剤単独で結晶をつくり，ロイコ染料をはじき出して消色する(E)。この温度では顕色剤は結晶状態で存在でき，それが最も安定な状態である。この状態から冷却すると，元の消色状態(A)に戻る。

　サーマルヘッドやレーザでの加熱は，小さなエネルギーで瞬間的に加熱したのち，その熱が周囲に拡散するため急冷になるので，画像形成が可能となる。また，消色は比較的冷却速度に影響を受けないため，いろいろな加熱方式で画像の消去が可能であるが，一定の温度範囲に加熱する必要があるので，均一に

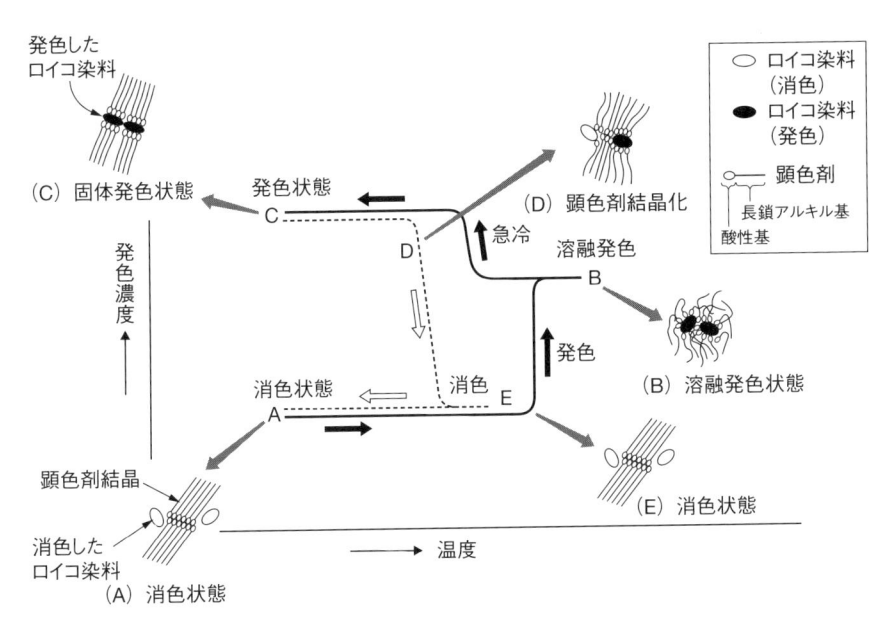

図4.6 ロイコ染料／長鎖顕色剤型の発色・消色プロセスとメカニズム

消去するために比較的時間をかけて加熱するセラミックヒータなどが使われることが多い。

ロイコ染料／長鎖顕色剤型サーマルリライタブル記録材料が実用化されるためには，高分子／長鎖低分子分散型と同様に，いくつかの課題を解決する必要があった。

1番目は消色の時間短縮と発色安定性の両立である。発色状態の安定性を高めるためには，ロイコ染料と顕色剤の反応性を高める必要があるが，消色を短時間で行うには，ロイコ染料と顕色剤を速やかに分離する必要があり，これらを両立するために長鎖顕色剤の構造の検討が行われた[30]。図4.7に，検討された長鎖顕色剤とその消去温度特性を示す。強い酸性を示すホスホン酸P22に比べフェノール基を導入した顕色剤は，広い消色温度幅を示し，水素結合性の連結基が1つのPU18に比べ連結基を複数個導入したPAU2-5-18は，消色開始温度が高温側にシフトし発色の安定性が高まったことがわかる。

2番目は耐光性の向上である。ロイコ染料は一般的に光に対して弱く，感熱

P22

$CH_3(CH_2)_{21}\overset{\overset{O}{\|}}{P}(OH)_2$

PU18

$CH_3(CH_2)_{17}\overset{\overset{O}{\|}}{\underset{H}{N}}-\overset{\overset{O}{\|}}{\underset{H}{N}}-\bigcirc\!\!\!\!\!\!-OH$

PAU2-5-18

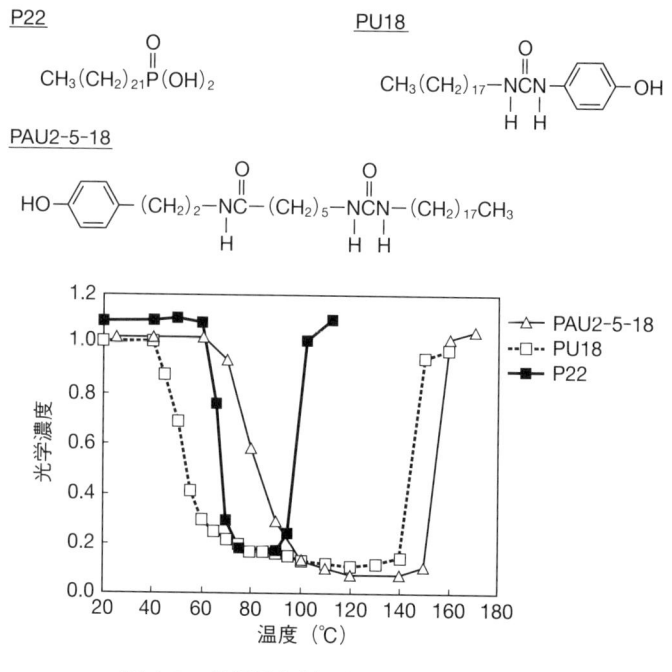

$HO-\bigcirc\!\!\!\!\!\!-(CH_2)_2-\overset{O}{\underset{H}{N}}-\overset{\|}{C}-(CH_2)_5-\overset{O}{\underset{H}{N}}-\overset{\|}{C}-(CH_2)_{17}CH_3$

図4.7 長鎖顕色剤の種類と消去温度特性

紙でも地肌の黄変や画像が茶色に変色する現象が見られるが，より長期に使用するリライタブル記録材料ではこの変色を防ぐことが重要となり，さらに形成した画像を消そうとしても薄く残ってしまうという，リライタブル記録材料特有の現象が発生する。とくに紫外線によるロイコ染料の分解を防ぐため，図4.8に示すように，記録層の上部に紫外線吸収剤を含有させた層を設けることにより，耐光性を実用レベルまで向上させることができた。

3番目は高分子／長鎖低分子分散型と同じく，くり返し耐久性の向上である。記録層の主材料であるロイコ染料と長鎖顕色剤を保持するマトリックス樹脂を架橋することにより，記録層自体の耐久性を向上させ，さらにサーマルヘッドで加熱される際の熱と圧力に対して表面を保護するための硬い保護層を設けることにより，くり返し耐久性を向上させた。図4.9に画像形成と消去を300回くり返した結果を示す。書き換えを300回くり返しても良好な印字品質と消去性能を保っていることがわかる。

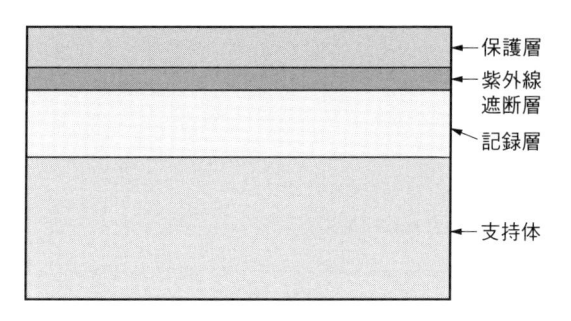

図4.8 ロイコ染料／長鎖顕色剤型の媒体基本構造

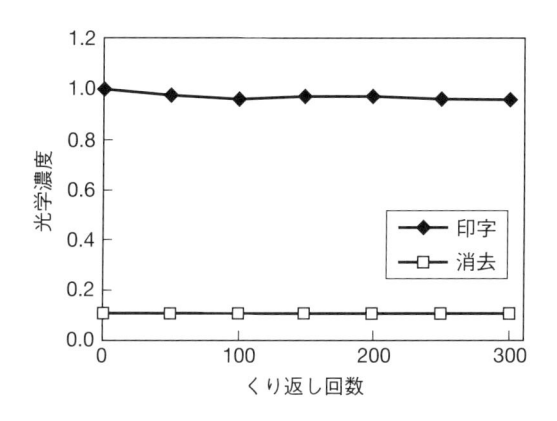

図4.9 くり返し耐久性

4.1.4 サーマルリライタブル記録の今後の方向

サーマルリライタブル記録の今後の新しい方向を示唆する2つの提案がある。1つはカラー化技術であり，もう1つはレーザを用いた記録である。

カラー化は最初に液晶を用いた方式が提案された。これは，コレステリック液晶のらせん構造の変化による光の選択散乱性を利用したものである。以前からサーモトロピック・コレステリック高分子液晶を利用した提案があったが，色変化には数十分以上の時間が必要であるため，通常の記録には適さなかった。コレステリック液晶性中分子を用いることにより，秒単位で色変化可能となった[9]。この液晶性中分子は，87〜115℃のあいだの温度に加熱後急冷することで，赤，青，緑などの色を記録することができる。図4.10に液晶性中分

材料の化学構造

異なる温度に加熱したあとの透過率

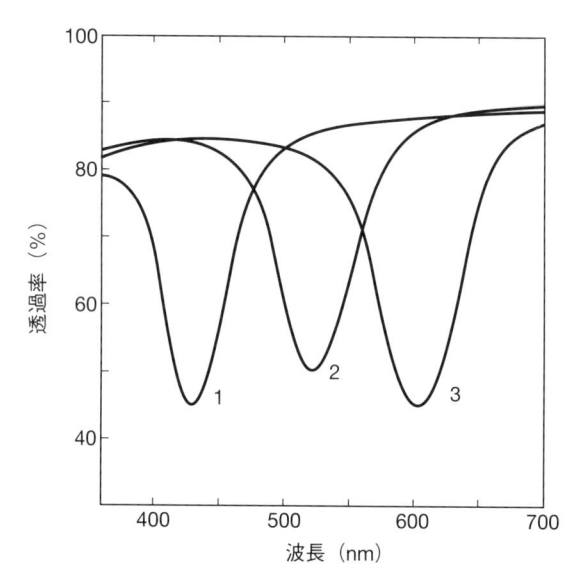

図4.10 コレステリック液晶性中分子を用いたカラーリライタブル方式

子の化学構造と，この液晶性中分子を上記の温度範囲のなかの異なる温度に加熱したあとの透過率を示す。加熱温度を変化させることにより，広い波長域で固定が可能であることがわかる。コレステリック液晶の光の選択散乱はいわゆる玉虫色のきれいな色が得られるが，通常の印刷物やコピーの色と異なる色調のため，見るものにとっては少し違和感を感じることは否めない。

カラー化のもう1つの提案は，ロイコ染料／長鎖顕色剤を用いたものである[31]。これは，染料の選択によりいろいろな色が得られるというロイコ染料の特徴と，選択的に特定の層を発熱させられるという半導体レーザの特徴を活かした方式である。図4.11にこのカラーリライタブル方式の記録原理を示す。イエロー，シアン，マゼンタに発色する記録層を積層し，それぞれの異なる波

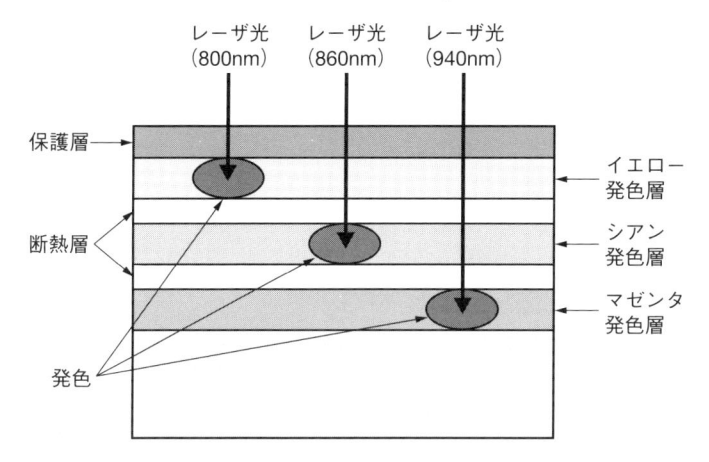

図4.11 ロイコ染料／長鎖顕色剤を利用したカラーリライタブル記録方式

長の光を吸収し発熱する近赤外吸収色素を含有させ，800 nm，860 nm，940 nm の3種類のレーザを用いて各層を個別に発色させられるようにした。ロイコ染料／長鎖顕色剤タイプのリライタブル記録材料は，加熱温度の違いにより中間の濃度の画像を形成することも可能なため，この方式により印刷物やコピーに近いフルカラーの画像を得ることができる。

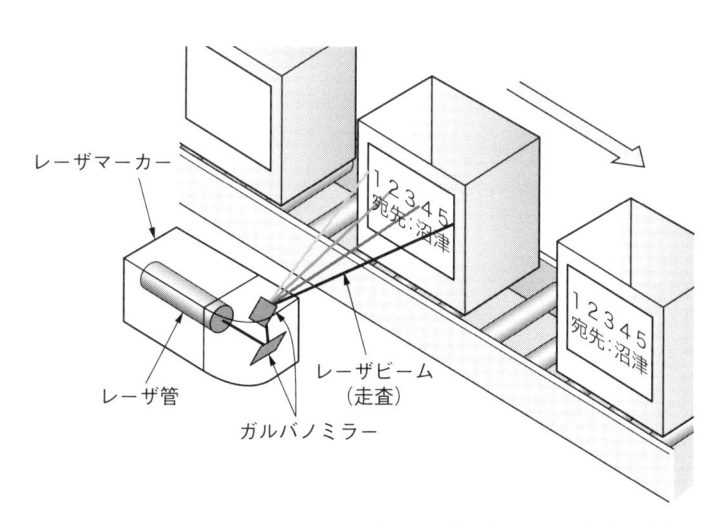

図4.12 サーマルリライタブル記録材料のレーザ記録の使用例

4.1 サーマルリライタブル方式　87

カラー化以外にレーザを用いて記録する提案がある[32,33]。図4.12に20〜30Wの高出力CO_2レーザを用いた記録の概念図を示した。高出力レーザを用いることにより，10〜20cm離れた位置に1秒以下の時間で画像形成できるので，ベルトコンベア上を流れる箱などに，リライタブル記録材料を貼ったまま書き換えできる。これにより，行先などの表示を剥がす手間がなく，また剥がし忘れによる誤配送の心配がなくなり，物流分野や流通分野でサーマルリライタブル方式が広く使われる可能性が高まった。

4.1.5 課題と展望

サーマルリライタブル方式は，日本国内ではカード表示用途に広く使われているが，日本以外への展開およびカード表示用途以外への展開が課題である。

今後はICタグとの組合せ，カラー化およびレーザ記録による新しい使い方により，海外への展開および産業用分野に使われるようになることが期待される。

4.2 インク消色方式

4.2.1 開発の背景と消色インクの原理

情報技術の発達は，プリンタやコピー用紙の消費を急増させ，紙の大量消費が解決すべき地球環境問題のひとつとして取り上げられるようになった。紙のリユース・リサイクル技術は，その課題を解決しうる手段として注目されている。とくにオフィスでは，印刷される用紙の大半がすぐに廃棄される紙といわれており，紙のリユース効果は大きい。

高山ら[34]は，加熱もしくは溶剤の接触で画像を無色化できる「消去可能インク」を開発した。本技術の技術的ルーツは，リライタブル記録材料である。リライタブル記録材料は，紙媒体そのものを使い，多数回書き消しができる高機能な媒体であった。反面，普通紙と比較してリライタブル紙は高価格であること，そして熱記録しか記録方法がないことが，オフィスへの普及の妨げになっていた。

そこで発想を転換して，普通紙に画像記録することができ，不要になったと

きはそれを消去でき，そして消去後の紙に上書きできるならば，それはリライタブル記録と等価であると考えた。安定状態が発色状態で，加熱・急冷で書き込むことで無色化する性質を有するネガ型のリライタブル記録材料[35)]に着目し，この材料を改造して可逆的に発消色できる機能から不可逆に消色する機能に変更したうえで，多種多用な画像記録材料に適用できる汎用性をもたせた。それが消去可能インクである。

まず消去可能インクの発消色原理[34)]について記載する。この画像形成材料は，無色の染料前駆体（ロイコ染料）とフェノール性化合物（顕色剤）を含有している。ロイコ染料は感熱紙や感圧紙に使用される色素である。顕色剤の作用によりロイコ染料は分子内のラクトン環が開環して共役系が分子内に広がり，発色体となる。消去可能インクでは，この発色構造のロイコ染料を色材として使用している。

消色は発色反応の逆プロセスである。その原理を図4.13に示す。相互作用状態のロイコ染料と顕色剤は，加熱もしくは溶剤の接触によりその作用が断ち切られ，両者は分離する。分子状となり画材内を移動可能となった顕色剤分子は拡散により移動し，それを捕獲する材料に会合した時点で取り込まれる。顕色剤の捕獲状態は熱的に安定であり，再び顕色剤分子が画材中を拡散移動してロイコ染料と会合・作用することはない。その結果，画材は不可逆的にその色

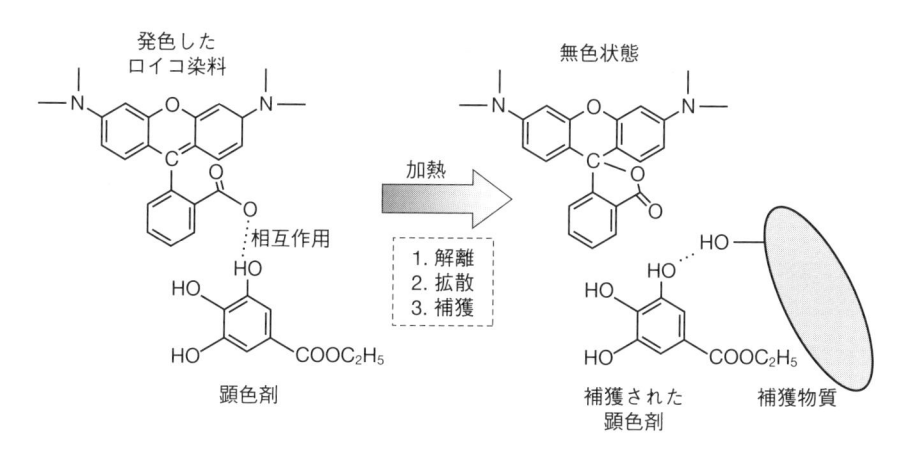

図4.13　消色インクの無色化原理

を失うというのが無色化の基本原理である。

この消去可能インクは，その媒体を選ぶことでさまざまな画像形成材料に適用可能である。媒体としてバインダー樹脂を選択して，電子写真プリンタに応用したものが2003年12月に発売された「消せるトナー『e-blue』」[36]である。

4.2.2 開発と実用化の進行現状

開発された消色トナー技術・システムのおもな特長を以下に示す。
- 普通紙に対応した紙のリユース技術
- 紙に書かれた画像を束のままで一括消去が可能
- ロイコ色素の選択でカラー化に対応可能（現製品は青色トナーのみ）
- 同じ原理をもつ専用ペン・マーカーによって書き込みが可能

などがあげられる。

次に，使用方法に関して説明する。図4.14に熱消色トナーを使ったOA用紙のオフィス内リユースのイメージ図を示す。まず熱消色トナーを搭載したプリンタやコピー機で画像を印刷する。書き込みに際しては，同じ原理で消色するペン・マーカーを使用する。使用済みの紙は分別回収し，専用の消去装置により画像を消去する。この際，一目で消去できる印刷物であることがわかるよ

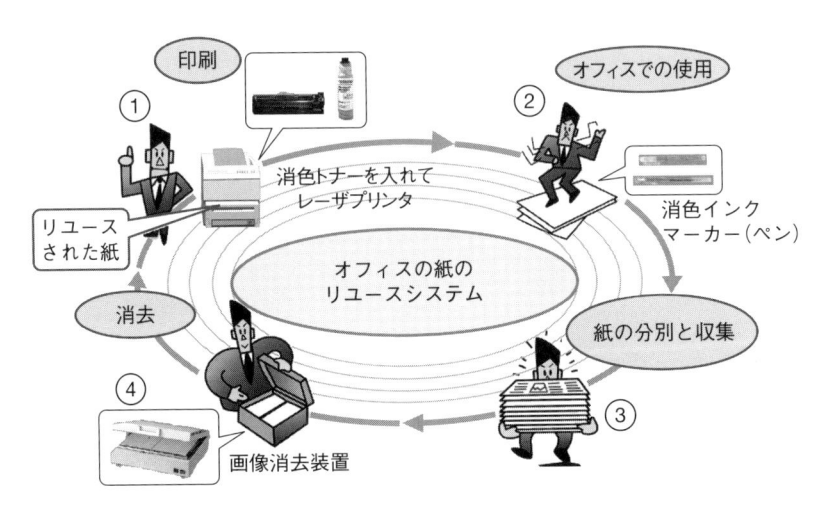

図4.14 消色トナーを用いたオフィス内プリンタ用紙リユース

うに，トナーの色を青色としている．消去後の紙表面にはわずかに残像が残るが，それは実用上問題のない濃度値である．そして消去後の紙は再びプリンタに戻されてリユースされるシステムである．紙のリユース可能回数は数回から十回程度である．画像消去は，ユーザーの使いやすさと実用性を考えてA4用紙400枚（A3用紙では200枚）を束のままで消色する専用装置とした．また消費電力を極力抑える設計として，消去1回の電力は約450 Wh/400枚とした．

消色トナーの導入効果は各ユーザーで異なるが，おおよそ20～60％のOA用紙購入量削減を達成している．これによるCO_2削減効果は大きい．

4.2.3 インク消色方式の課題と展望

熱消色トナーであるe-blueシステムは媒体コストが普通紙であるためきわめて安く，消去装置コストも比較的安くできるリユース技術である．しかし，トナーの画材成分の約90％はバインダー樹脂であるため，画像の消え残りである残像が発生する固有の問題が生じる．そこで現状では，機密性を必要としない書類のリユース用途に限定して使用するという制限があった．そこで残像を不可視にするために次の2種のアプローチを行っている．

- 画像記録方法を液体インク記録に変更
- 消去方法の改良…溶剤消去法，研磨分割／加熱消色法（完全消去法）など

また，ここでは課題として残像問題を取り上げたが，OA紙リユースを普及させるためには，より受け入れられやすい画材とシステムをユーザーに提供することも重要である．たとえば，市場調査ではユーザーのニーズが最も高かったのは，現在使用中のプリンタに適用することである．e-blueトナーは，発消色特性を高める必要性から専用バインダー樹脂を使用しているため，適用できるプリンタ機種が少なかった．東芝では汎用バインダー樹脂を使用して高い発消色特性を得られる組成とプロセスの開発を行い，適用範囲を広げることに成功した．今後，数多くの機種に消色トナーを適用可能にすることで，ユーザーのニーズに応え，より優れた消色インクを社会に普及させることで地球環境に対する企業の社会的責任に応えられると思われる．

▼参考文献

1) 堀田吉彦:「リライタブルマーキング技術の最近の動向」, 電子写真学会誌, Vol.35, No.3, pp.148-154, 1996.
2) 電子写真学会 1994 年度第 2 回研究会予稿集,「リライタブル技術の動向」, 1994.10.20.
3) W. H. Dabisch, P. Kung, S. R. Muller, K. Narayanan (Tipp-Ex): DP2907352, 1980.
4) 堀田吉彦, 久保敬司:「熱可逆性材料と記録特性」, 電子写真学会第 4 回ノンインパクトプリンティング技術シンポジウム論文集, pp.57-60, 1987.
5) Y. Takahashi, N. Tamaoki, Y. Komiya, Y. Hieda, K. Koseki, T. Yamaoka: Thermo-optics effects of 4-alkoxy-3-chlorobenzoic acids in polymeric matrices, *J. Appl. Phys.*, **74**, 4158-4162, 1993.
6) 前田一彦, 川田 彰 (セントラル硝子): 特開昭 61-2588653.
7) J. Watanabe, M. Goto, T. Nagase: Thermotoropic Polypeptides 3. Inbestigation of Cholesteric Mesophase Properties of Poly(γ-benzyl L-glutamate-co-γ-dodecyl L-glutamates) by Circular Dichroic Measurements, *Macromolecules*, **20**, 298-304, 1987.
8) R. Akashi, A. Inoue: Copolymerization Effects of Non-Mesogenic Components on the characteristics of Liquid Crystalline Side-Chain Polymers, *Mol. Cryst. Liq. Cryst.*, **250**, 269, 1994.
9) N. Tamaoki, A. V. Perfenov, A. Masaki, H. Matsuda: Rewritable Full-Color Recording on a Thin Solid Film of a cholesteric Low-Molecular-Weight Compound, *Adv. Mater.*, **9**(14), 1102, 1997.
10) 製鉄化学:日経産業新聞, 1967.6.8.
11) 日野好弘, 渡辺二郎:「可逆性感熱記録媒体」, Japan Hardcopy '90 論文集, pp.147-150, 1990.
12) 鬼頭 勤, 中筋憲一, 片岡 隆, 稲垣浩司, 柴橋 裕 (パイロットインキ): 特開昭 60-264285.
13) 川村栄一, 後藤 寛, 島田 勝, 丸山勝次, 久保敬司 (リコー): 特開昭 64-247985.
14) K. Naito: Amorphous-Crystal transition of organic dye assemblies: Application to rewritable color recording media, *Appl. Phys. Lett.*, **67**, 211-213, 1995.
15) 岡田裕子:「リライタブルカード市場」, 電子写真学会 1996 年度第 4 回研究会予稿集, pp.43-48, 1996.
16) リチャード・イー・フォックス (アップルトン・ペーパーズ): 特開昭 58-191190.
17) 丸山勝次, 久保敬司 (リコー): 特開昭 63-173684.
18) 島田 勝, 筒井恭治, 川村栄一, 後藤 寛, 丸山勝次, 久保敬司, 江間英昭, 山口岳人, 久保山浩紀, 澤村一郎, 谷口圭司 (リコー): 特開平 5-124360.
19) 池田光弘, 横田泰朗, 平石重俊 (三菱製紙): 特開平 6-210954.
20) 椎橋章夫:「IC カード (Suica) 出改札システムの概要」, 日本画像学会 2001 年度第 2 回技術研究会予稿集, pp.28-36, 2001.
21) 斎藤達郎:「リライタブル表示機能付 RFID タグシートの開発と実用事例紹介」, 日本画像学会第 2 回フロンティアセミナー予稿集, pp.108-113, 2004.
22) Y. Hotta, K. Morohoshi, K. Tsutsui, T. Yamaoka: Thermoreversible Mechanism of

Thermoreversible Imaging Media (TRIM) Complexing Organic Low Molecular Weight Material and Polymer, IS & T's NIP Technologies/Japan Hardcopy '93, pp.405-408, 1993.

23) Y. Hotta, K. Morohoshi, T. Amano, K. Tsutsui, T. Yamaoka：Mechanistic Study of Thermoreversible Recording Media Composed of Polymeric Films with Dispersed Fatty Acids, *Chem. Mater.*, **7**, 1793-1799, 1995.

24) 堀田吉彦, 久保敬司（リコー）：特開平 2-1363.

25) Y. Hotta, T. Yamaoka, T. Amano：Improvement in Durability Against Repetition of Imaging Formation and Deletion by Cross-linking of Polymer in Thermoreversible Recording Media, *J. Imag. Sci. Tech.*, **41**(5), 542-549, 1997.

26) 堀田吉彦（リコー）：特開平 2-566.

27) 筒井恭治, 山口岳人：「長鎖化合物を用いた新しい可逆感熱記録材料の発色・消色機構」, *Polym. Prepr. Jpn.*, **42**, 2736-2738, 1993.

28) Y. Yokota, M. Ikeda, S. Hiraishi：Reversible Thermal Recording Media, IS & T's NIP Technologies/Japan Hardcopy '93 論文集, pp.413-416, 1993.

29) 筒井恭治, 山口岳人, 佐藤清隆：日本化学会誌, **1**, 68, 1995.

30) 鳥居昌史, 古屋浩美, 立脇忠文, 筒井恭治：「発色型リライタブル感熱記録材料の発色・消色制御」, Japan Hardcopy '99 論文集, pp.213-216, 1999.

31) 坪井寿徳, 栗原研一, 岸井典之：「カラーリライタブルメディアおよび記録方法の検討」, Japan Hardcopy 2003 Fall Meeting 論文集, pp.17-20, 2003.

32) 堀田吉彦, 鈴木 明, 北村孝司, 山岡亜夫：「リライタブル熱記録媒体へのレーザ書込み」, 電子写真学会誌, Vol.35, No.3, pp.168-174, 1996.

33) 川原真哉, 石見知三, 堀田吉彦：「リライタブル熱記録媒体へのレーザ記録(1)レーザ光強度分布制御による繰返し耐久性の向上」, Imaging Conference JAPAN 2007 論文集, pp.51-54, 2007.

34) S. Takayama, S. Machida, K. Sano：A New Erasable Ink for Paper Recycling and Reuse, IS & T's NIP15, pp.323-326, 1999.

35) 高山 暁, 西沢秀之, 内藤勝之：「ロイコ染料系リライタブルマーキング媒体」, 電子写真学会誌, **36**, 155-161, 1996.

36) 高山 暁, 五反田武志, 佐野健二, 古澤憲吾, 松村文代：「消去可能トナー e-blue の開発」, Imaging Conference Japan 2006 Fall 論文集, pp.105-108, 2006.

第5章 電子ペーパー用駆動回路技術

5.1 駆動技術の分類

たいていの電子ペーパーの駆動方式は、液晶表示装置の駆動技術を基本にしているといっていい。まずは液晶の基本的な駆動方式を解説する[1]。

液晶をはじめとした表示装置は、複数の画素とよばれる単位の集合体で構成される。画素とは、表示状態を制御することができる最小の単位のことである。画素をあらかじめ表示したい形状に形成したものをセグメント、m 行 n 列に規則的に配列したものをドットマトリックスとよぶ。これらの駆動方式は、用途によって表5.1のように分類される。

一般的な LCD 用途において、電卓やデジタル時計など単純な数字やパターンのみを表示する用途には、セグメント方式を利用することが多い。その駆動

表5.1 用途別駆動方式の使い分け

用途	POP, 値札, 電卓, デジタル時計	電光掲示板 電車の行先表示	PCのモニタ, テレビ, 携帯電話, 電子ブック	
形状	8	(ドットマトリックス図)	ABC	走査線駆動IC
			走査線駆動IC	
画素タイプ	セグメント	ドットマトリックス		
駆動方式	スタティック		マルチプレックス	
精細度	低精密 ←―――――――――――――→ 高精密			

方式は，1つ1つのセグメントから独立した配線を引き出しておき，おのおのに表示したいパターンに対応した電圧を印加する。この方式だと，すべての画素に対して連続して電圧を印加することができる。これをスタティック駆動という。

対してドットマトリクスは，任意の文字やパターンを表示する装置，すなわちLCDではパソコンのモニタやテレビ，電子ペーパーとしては電子ブックなど，より高機能な表示装置に使われる。ドットマトリクスは，画素の数が多く細かい（精細度が高い）ほうがきれいな表示が可能となる。精細度が低く画素数が少なければ，セグメント方式と同様にスタティック駆動で扱うことができるが，精細度が高くなるにつれて配線や駆動回路が複雑となってしまうため，マルチプレックス駆動が適用されるのが一般的である。マルチプレックス駆動は，ダイナミック駆動あるいは時分割駆動ともよばれ，m 行の走査線と n 行の信号線の交点に配置された画素を走査線ごとに順次選択して，時分割で画像信号を書き込んでいく方式である。

ドットマトリクスをマルチプレックス駆動する方式は，パッシブマトリックス駆動方式とアクティブマトリックス駆動方式に分類される。各駆動方式の特徴を以下に解説する。

5.1.1　パッシブマトリックス駆動方式

単純マトリックス駆動ともよばれ，TN，STN液晶で一般的なドットマトリックス駆動方式である。電子ペーパーの分野ではコレステリック液晶や電子粉流体に用いられる駆動方式である。

図5.1(a)にパッシブマトリックス駆動方式の表示装置の構造を示す。表示装置は，短冊状の電極パターン（走査電極と信号線電極）が形成された2枚の基板で表示体をはさみ込んで形成される。このとき，上電極パターンと下電極パターンがたがいに直交するようにする。上電極と下電極の交差する部分が画素である。

このうちの1行を書き換える場合，その行の走査電極に選択電位を加え，その他の走査電極には非選択電位を加える。同時に，選択している行の画像信号に対応した電圧を信号線に加える。ここで，表示素子の表示状態が変わる最小

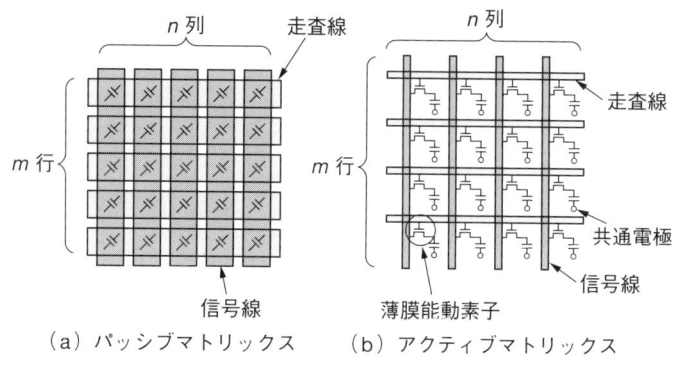

図5.1 マトリックス表示方式
(a) パッシブマトリックス　(b) アクティブマトリックス

印加電圧を閾値電圧とすれば，信号線に選択電位との電位差が閾値以上の電圧（オン電圧）を加えれば表示状態が変化し，それ以下の電圧（オフ電圧）を加えれば表示状態は変化しない。走査電極に順番に選択電位を加え，行ごとの画像信号を信号線電極に加えることで，全画面の画像更新が完了する。

　パッシブマトリックス駆動回路は，薄膜トランジスタ（TFT）などの半導体素子を形成する必要がなく製造工程が単純なため，製造コストを抑えることができる。しかし，1ラインごとにしか画像信号を書き込めないので，大画面・高精細になるほど1画面の書き換え時間が長くなる。このため，書き換え速度が要求されない用途（静止画の表示）には向いているが，高速なページ切り替えが必要となる用途（テレビ，PCのモニタなど）には不向きである。また精細度を高めていった場合，隣接する配線との干渉が現れることから，高精細化が困難であるという問題もある。さらに，原理的に非選択状態の画素にまったく電圧がかからない状態にすることは不可能で，これによって非選択画素が反応を起こすクロストークが全体のコントラストを低下させるという課題が発生する場合もある。とくに電気泳動方式のように閾値をもたない表示素子に使用するのは困難である。

5.1.2　アクティブマトリックス駆動方式

　パッシブマトリックス方式の欠点を改善したのがアクティブマトリックス駆

動方式で，図 5.1(b) に示すように走査線と信号線の交点に薄膜トランジスタ（TFT）や薄膜ダイオード（TFD）などの薄膜能動素子を設けたものをいう。この駆動方式では薄膜能動素子が画素の閾値特性を支配するので，電気泳動のような閾値をもたない素子の駆動が可能となり，前述のクロストークも改善される。

続いて，TFT アクティブマトリックスの駆動について説明する。所望の走査線に選択電位を与えると，この走査線につながる画素の TFT がオン状態となる。このとき，TFT のソース・ドレイン間が低抵抗の状態にあるので，信号線に加えられている画像信号が画素に書き込まれる。走査線を順次選択しながら行ごとに画像信号を書き込んでいくことで，全画面表示を更新する。非選択電位が与えられている走査線につながる画素の TFT はオフ状態，すなわちソース・ドレイン間が高抵抗の状態であるので，画素電位は信号線電位の干渉をほとんど受けない。画素ごとに表示素子と並列に保持容量を設けておけば，TFT がオフ状態であっても画素電極の電位を保持する働きをするので，走査線の非選択期間においても能動的に表示素子を駆動することができる。画素をスタティック駆動に近い条件で駆動できるため，十分なコントラストが期待できる。反面，アクティブマトリックスを構成する薄膜能動素子は複雑な製造工程を経るため，製造コストが高いという課題もある。

5.2 各駆動方式における駆動技術

代表的な電子ペーパー材料である，電気泳動，電子粉流体，コレステリック液晶について，各材料固有の特性を考慮しながらそのドットマトリックス駆動技術の特徴を説明する。

5.2.1 電気泳動

電気泳動表示素子には今のところ明確な閾値がなく応答速度も遅いことから，パッシブマトリックス駆動は現実的ではない。そこで，アクティブマトリックス駆動が必須とされる。

アクティブマトリックス電気泳動表示装置の一般的な画素回路を図 5.2 に示

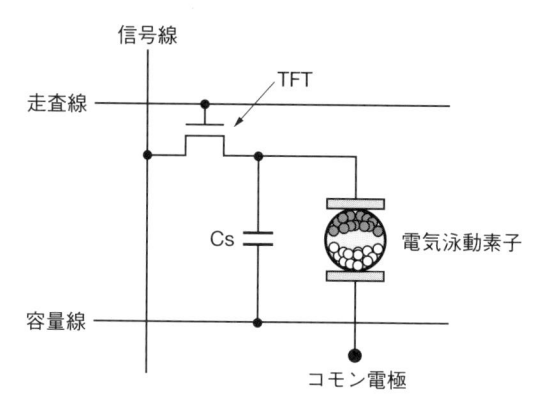

図 5.2 電気泳動表示装置の画素回路

す。回路構成は液晶の画素回路と大差はないが，画素電極に比較的大きな保持容量を付加することが特徴である[2]。電気泳動素子の応答時間は数百ミリ秒であるのが一般的で，これは液晶と比べて数十倍大きな数値である。このため，電気泳動素子の表示が切り替わるまでの期間に，保持容量に溜め込んだ電荷が選択トランジスタのオフ電流や電気泳動表示素子層を介したリーク電流として漏れ出ることで，画素電極の電圧が低下してしまうことが問題となる。そこで，保持容量を大きくする，画素トランジスタのオフ電流を下げるなどの工夫が必要となる。

ここで一般的な透過型の液晶ディスプレイの場合，バックライトの利用効率を高めるために，画素の透過部の割合（開口率）がなるべく大きくなるように設計する。このためには，保持容量やトランジスタなどの素子および配線が占める面積を小さくしたほうがよい。一方，電気泳動方式は反射型なので，開口率を気にすることなく大きな保持容量を設計することが可能である。

ところで，保持容量を大きくすると，非選択画素からのデータ線への漏れ電流が，信号線方向のクロストークをひき起こすことが懸念される。ここで画素トランジスタのオフ電流を下げることは，適切な画素電極電位を維持する目的のほかに信号線方向のクロストーク対策としても効果を発揮する。トランジスタのオフ電流を低減する方法としては，①マルチゲートトランジスタを採用する（たとえば2つあるいは3つのトランジスタを直列に接続したデュアルゲー

ト構造・トリプルゲート構造），②セルフアライン構造・LDD 構造にする，③ TFT の移動度を下げる，④ソース・ドレイン電極のコンタクト抵抗を高くする，などの方法がある．ただし，これらの手法を用いる場合，オフ電流と同時にオン電流も低下するので，十分な画像信号書き込みができるよう，設計に注意を払わなければならない．

表示書き換えの際に注意を払いたいのは，残像の問題である．電気泳動素子は表示保持性をもつがゆえに，以前に表示した画像がうっすらと残ってしまう現象が問題となる．そこで，書き換え前の画像をリセットするような駆動をする必要がある．

5.2.2 粉体移動

電子粉流体に代表される粉体移動方式は明確な閾値特性を有し，また応答速度は 0.2 ミリ秒程度と速いためにパッシブ駆動が可能である．

まず画像を表示させる前に，電子粉流体は以前に表示した画像を保持しているので，これをリセットする必要がある．すべての走査電極に高電圧を，すべての信号電極に低電圧を印加することで全画素を白にセットする．次に，低電位を印加することにより走査電極を順次選択し，信号電極には画像データに従って，黒表示となる画素には高電位を，白表示を保持する画素には低電位を印加する．このとき選択していない走査電極には非選択電位を印加しておくが，通常は高電位と低電位のちょうど中間値であって，これらとの差が閾値電圧よりも低い値に設定する[3]．

高精細や高速書き換えの用途にはアクティブマトリックス駆動も望まれているが，電子粉流体の閾値電圧は 70～80 V と高く，従来のシリコン TFT の駆動電圧を超えている．そこで，駆動電圧の高い有機 TFT と組み合わせることで，アクティブマトリックス駆動を実現した例が報告されている[4]．

5.2.3 コレステリック液晶

電界書き込み型のコレステリック液晶は，パッシブマトリックス方式にて駆動されるのが一般的である．

反射型ディスプレイ全般にいえることではあるが，表示コントラストを高く

するには液晶層を厚くしなければならない。このとき，駆動電圧が高くなる，あるいは駆動時間が長くなるという課題が生じる。発表されているコレステリック液晶では，1走査線の駆動速度に約10ミリ秒かかるので，XGAのパネルの1ページの書き換え時間は10秒程度である。

　駆動速度を改善する方法のひとつとして，TFTを用いたアクティブマトリックス駆動も試みられているが[5]，TFTで駆動するにはコレステリック液晶は動作電圧が高い。そこで，ダイナミックドライブ方式[6]など，駆動方法の改善による高速化も盛んに取り組まれている。

5.3　駆動回路のフレキシブル化

　紙に近いしなやかで軽い電子ペーパーを実現するには，フレキシブルな駆動回路が要求される。フレキシブルな表示装置の特徴は，言葉どおり曲げることができることだけでなく，薄く，軽く，衝撃に強く壊れにくいといった点があげられる。このようなハンドリングのよさは，持ち運びを前提としたアプリケーションにおいてとくに実用性が高く，また曲面配置が可能なため，デザイン面でも有利である。今後のディスプレイ産業の適用分野の拡大を予見させる期待の技術である。

　フレキシブルなドットマトリックス回路基板の製造方法は，表5.2に分類される。

　パッシブマトリックス基板は，プラスチック基板上に透明電極配線を形成して製造する。透明電極には，一般的にITO（酸化インジウムスズ薄膜）が使わ

表5.2　フレキシブル回路基板の分類

		直接形成法		転写法
		印刷（インクジェット）	真空プロセス	
パッシブマトリックス		△	○	－
アクティブマトリックス（フレキシブルTFT）	有機TFT	○	○	－
	シリコンTFT	△	△	○

れる。ITOの一般的な成膜法はスパッタリング法だが，インクジェット印刷などを利用してロールツーロールで生産する技術も研究されている[7]。ITOは薄膜化しているとはいえ，バルクの状態では非常に硬い物質であるので，基板に極端な歪みが加えられた場合，配線にクラックが生じやすいことが問題となる。

対して，フレキシブルなアクティブマトリックスを実現するのは難易度が高い。というのは，シリコンTFTを用いるアクティブマトリックス製造プロセスが，数百度の高温プロセスを必要とする一方で，基板となるプラスチック材料は，無機材料と比較して熱膨張係数が高く熱に弱いからだ。

そこで，一時的な基板を利用して駆動回路をプラスチック基板上に間接的に作成する転写法，真空プロセスを用いて直接低温で形成する直接形成法，あるいは有機半導体などのまったく別の材料を印刷技術を用いて形成する方法が検討されている。

5.3.1 回路転写

転写法は，あらかじめガラス基板上に作成しておいたTFTをレーザなどによって剥離・転写する方法である。このうち，セイコーエプソンが開発したSUFTLA（surface free technology by laser annealing/ablation）は，低温ポリシリコン（LTPS）-TFT回路を製造元のガラス基板から剥離し，任意の基板に転写する技術である[8]。フィリップスリサーチ研究所からは，剥離層にポリイミド薄膜を利用して非晶質シリコン（a-Si）TFTを転写する技術（EPLaR）が報告されている[9]。これらの方式の特徴は，既存のTFT製造プロセスをそのまま使うことができることである。

ここで，SUFTLAプロセスの詳細を述べる。図5.3に，SUFTLAプロセスの概念図を示す。LTPS-TFTの形成に先立っては，ガラス基板上に犠牲層とよばれるa-Si層を形成しておく。この後，通常のLTPSプロセスを適用してTFTを形成する。次に，TFTを転写したい任意の基板（プラスチック基板など）をTFT上面に接着し，製造元ガラス基板裏面からXeClエキシマレーザを照射すると，犠牲層の界面における密着力が低下し，TFT回路全体が元のガラス基板から剥離される。このようにして，TFT回路は製造元ガラス基板から任意の基板に転写することができる。このときレーザのエネルギーはほぼすべて

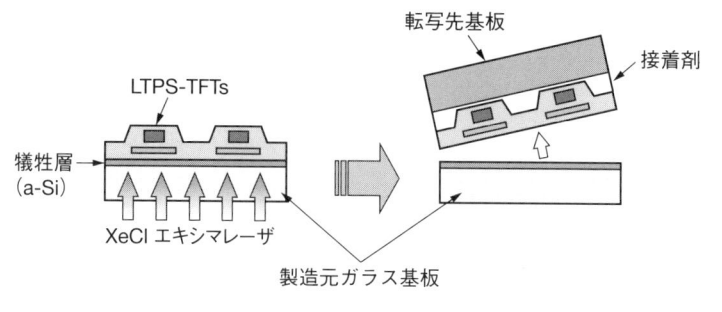

図5.3 SUFTRA プロセス

a-Si 犠牲層によって吸収されるため，TFT 層には何らのダメージも及ぼさない。なお，転写された TFT は，ガラス基板上に作成されたものとほぼ同じ特性を示すことが確認されている。

ところで，LTPS-TFT は，a-Si TFT と比べて約2桁ほど大きいキャリア移動度を有する。そのため，画素のスイッチング素子を大幅に小型化することが可能となり，さらには，よりスピードや電流駆動能力を必要とするディスプレイの周辺ドライバ回路を一体形成することができる。CMOS 構造が可能なことも a-Si に対する大きな優位性であり，これまでに SUFTLA を適用して周辺ドライバ回路を内蔵した電気泳動ディスプレイが報告されている[10]。また，SUFTLA は，非同期 CPU[11] などディスプレイ以外の用途にも適用できることが報告されており，ディスプレイとともにこれらも集積して，よりリアルな電子ペーパーに近づけることができると考えられる。

5.3.2 直接形成

a-Si TFT は，大画面ディスプレイ用途に確立された技術となりつつある。これらのインフラを利用して，PEN などのプラスチック基板[12] やステンレス箔基板[13] に TFT を直接形成する試みが，サムスン電子，LG フィリップスなどで取り組まれている。プラスチック基板を使用する場合，通常 300℃ 程度の a-Si 形成プロセスを，150℃ 以下の低温プロセスで通さなければならない[14]。このため，通常の a-Si TFT と比較して，概して閾値電圧・移動度などの特性が悪くなってしまう。そこで，プラスチックよりも熱膨張率の低いステンレス

箔基板を用いれば，従来プロセスを大幅に変更することなく，TFT を形成することができる。ここで電気泳動や電子粉流体に代表される大半の電子ペーパー材料は反射型材料であるので，液晶と違ってバックライトを必要としない。すなわち，光を透過しないステンレス基板であっても利用することができるのである。

5.3.3 有機 TFT

有機半導体とは半導体の特性を示す有機材料のことで，これを使った有機 TFT はその性能について無機半導体と同様に議論することができる。無機半導体と比べて有機半導体は柔軟性が高く，また真空蒸着など比較的低温で形成することができるため，プラスチック基板に適した素子であるといえる。

さらに有機 TFT の製造方法のなかで，回路を構成する半導体層・配線層・絶縁膜層といった部材を液体化したものをインクジェットなどの印刷装置を用いて基板上に直接塗布する印刷法が注目されている。このように必要な部材を液体化して塗布する手法を総じて，液体プロセスとよぶ。液体プロセスによる有機 TFT の製造工程は，低コスト，高スループット，大型化が容易であるなどの利点があるほか，材料の無駄が少ない，高価な露光装置や真空設備が不要であるなど，環境面を考慮しても魅力的な方式である[15]。理想的にはすべて液体プロセスで形成されることが好ましいが，精細度や素子の安定性の問題から，実際にはフォトリソグラフィーや真空蒸着といった従来の半導体プロセスを併用することが多い。

有機 TFT を使った電子ペーパーのプロトタイプは，巻物のようなディスプレイとして，プラスチックロジック社[16]，ポリマービジョン社などから発表されている。

有機半導体材料はまだ発展途上であり，その駆動性能，寿命などにも課題を抱えている。とはいえ，a-Si TFT を超える移動度を示すものも報告されており，将来有望な方式であることには間違いない。

▼参考文献
1) SEMI カラー TFT 液晶ディスプレイ改訂版編集委員会編：『カラー TFT 液晶ディスプレ

イ 改訂版』, pp.70-78, 共立出版, 2005.
2) Y. Komatsu, H. Kawai, M. Miyasaka, T. Kodaira, S. Nebashi, T. Shimoda：TFT Active-Matrix Electrophoretic Display for E-Paper, The 2nd International TFT Conference, pp.184-187, 2006.
3) R. Hattori, S. Yamada, Y. Masuda, N. Nihei：Novel Type of Bistable Reflective Display using Quick Response Liquid Powder, SID 03 Digest, pp.846-489, 2003.
4) H. Maeda, M. Matsuoka, M. Nagae, H. Honda, H. Kobayashi：Active-Matrix Backplane with Printed Organic TFTs for QR-LPD, SID 07 DIGEST, pp.1749-1752, 2007.
5) N. Kamiura, K. Taira, T. Yamaguchi, T. Oka, M. Akiyama, K. Suzuki：Optical Characteristics of a High Brightness Reflective TFT-LCD Using Cholesteric LC Texture, IDW 97, pp.183-186, 1997.
6) X.-Y. Huang, D.-K. Yang, P. Bos, J. W. Doane：Dynamic drive for bistable reflective cholesteric displays：A rapid addressing scheme, *J. Society Information Display*, Vol.3, Issue 4, pp.165-168, 1995.
7) R. C. Liang, J. Hou, H. M. Zang：Microcup Electrophoretic Displays By Roll-to-Roll Manufactureing Processes, IDW 02, pp.1337-1340, 2002.
8) T. Shimoda, S. Inoue：Surface Free Technology by Laser Annealing (SUFTLA), IEDM 99 Technical Digest, pp.289-293, 1999.
9) I. French, D. McCulloch, I. Boerefijn, N. Kooyman：Thin Plastic Electrophoretic Displays Fabricated by Novel Process, SID 05 Digest, pp.1634-1637, 2005.
10) Y. Komatsu, H. Kawai, T. Kodaira, S. Hirabayashi, M. Miyasaka, S. Nebashi, T. Shimoda：A Flexible 7. 1-in Active-Matrix Electrophoretic Display, SID 06 DIGEST, pp.1830-1833, 2006.
11) N. Karaki, T. Nanmoto, T. Ebihara, S. Utsunomiya, S. Inoue, T. Shimoda：A Flexible 8b Asynchronous Microprocessor based on Low-Temperature Poly-Silicon TFT Technology, ISSCC 05, p.141, 2005.
12) T. H. Hwang, W. Lee, W. S. Hong, S. J. Kim, S. I. Kim, N. S. Roh, I. Nikulin, J. Y. Choi, H. I. Jeon, S. J. Hong, J. K. Lee, M. J. Han, S. J. Baek, M. Kim, S. U. Lee, S. S. Shin：14.3 inch Active Matrix-Based Plastic Electrophoretic DisplayUsing Low Temperature Processes, SID 07 DIGEST, pp.1684-1685, 2007.
13) S. Paek, K. L. Kim, H. Seo, Y. Jeong, S. Yi, S. Lee, N. Choi, S. Kim, C. Kim, I. Chung：10.1 inch SVGA Ultra Thin and Flexible Active Matrix Electrophoretic Display, SID 06 DIGEST, pp.1834-1837, 2006.
14) C. Kim, I. Kang, I. Chung：TFT Technology for Flexible Displays, SID 07 Digest, pp.1669-1672, 2007.
15) T. Kawase, H. Sirringhaus, R. H. Friend, T. Shimoda：All-Polymer Thin Film Transistor Fabricated by High-Resolution Ink-jet Printing, SID 01 DIGEST, pp.40-43, 2001.
16) S. E. Burns, W. Reeves, B. H. Pui, K. Jacobs, S. Siddique, K. Reynolds, M. Banach, D. Barclay, K. Chalmers, N. Cousins, P. Cain, L. Dassas, M. Etchells, C. Hayton, S. Markham, A. Menon, P. Too, C. Ramsdale, J. Herod, K. Saynor, J. Watts, T.von Werne, J. Mills, C. J.

Curling, H. Sirringhaus, K. Amundson, M. D. McCreary：A Flexible Plastic SVGA e-Paper Display, SID 06 DIGEST, pp.74-76, 2006.

第6章 電子ペーパーのヒューマンインタフェース

6.1 検討の背景

6.1.1 課題の背景と位置づけ

電子ペーパーに対するさまざまな期待の方向性は，①読みやすい，②コンパクト，③多機能，④省資源の4つに整理することができる。これらの多様な期待の方向性においてどの方向性が重要かは，めざす応用の用途しだいであり，"読みやすさの実現"が電子ペーパーに寄せられている期待の唯一のものではない。ただしここで，現状の"電子ディスプレイ装置で読む"ことへの抵抗感を思い起こすべきであろう。ディスプレイ作業では，一定の休憩時間をはさむことが健康上望ましいと一般にいわれている。紙の本や文書については，通常そのようにはいわれないのと好対照である。現状，これだけ大量の電子情報が手元の電子機器に存在する状態において，文書はプリンタ出力して読むに限るというような状況は，バランスを欠いている。このような観点からは，読みやすさの実現という期待の方向性は最も切実と考えられる。

表6.1は紙とディスプレイと電子ペーパーという3つの媒体について，その特質やねらいと応用分野を整理してみたものである。紙は読みやすさや考えやすさという点で既存の電子ディスプレイよりも優れた特質をもち，本や新聞に全面的に使われているが，スペース効率などの点で大きな弱点をもつ。一方，スペース効率などに優れる電子ディスプレイは，インターネット情報など閲覧には圧倒的に用いられているが，読みやすさの未達成などにより本や新聞などの応用分野にはあまり用いられていない現状にある。電子ペーパーは，読みやすさなどの点で人への親和性の高い電子表示媒体として実現することにより，紙や新聞などの分野での広範な応用をめざす位置づけにある。このような観点

表6.1 電子ペーパーのねらいどころ

表示媒体	特質		応用分野	
	親和性（読みやすさ・考えやすさ）	効率（スペース・伝達）	本・新聞	インターネット情報
紙	○	△	○	△
ディスプレイ	△	○	△	○
電子ペーパー	○	○	○	○

からも，読みやすさの実現は，電子ペーパーにとって決定的に重要な最優先目標と位置づけられる。

6.1.2 研究の経緯

さて，電子表示媒体を紙のように好まれるようにするには，具体的に何をどのようにすればよいのであろうか。紙と同じく反射型にすればよいという単純な話ですまないことは確かである。ディスプレイ作業の疲労に関しての研究は従来盛んに行われてきたが，紙とディスプレイを比較した研究例[1]は意外に少ない。電子ペーパーの概念と呼応して始められた最近の研究報告として，ディスプレイにおいて一般的な垂直画面，紙において一般的な水平画面という差異に注目し，その差異が作業効率や疲労に大きく影響することと水平画面の有意性を示した増田，内山らの研究例[2,3]，電子ペーパーを模したモックアップ媒体を用いた評価により，媒体の厚さ・剛性感などに対する好みや複数ページ呈示の効果を調べた小清水らの研究例[4]，ディスプレイ作業と紙作業との脳波の違いを計測した渡辺らの研究例[5]，必要な文字・背景濃度の組合せについてマップ化した桜木らの研究例[6]，最新の電子書籍端末と紙媒体とにおける読書作業を比較し近点距離での計測結果として差異がないことを示した磯野らの研究例[7]などがあげられる。このように電子ペーパーという概念の登場以降，ようやくこの命題に対する研究が活発化しつつあるが，まだ研究は緒に就いたばかりである。本章では実験的検討の最近の状況に関し，どのような実験手法が

用いられ，どのようなことが解明されつつあるかを紹介する．

6.1.3 課題の分類

紙の読みやすさ，考えやすさを決定する要因として，次の2つがあげられる．
① 眼への入力信号としての適合性（解像度・コントラスト・濃度など：シンプルな物理指標で表現可能な低次要因）
② 脳での理解過程への適合性（呈示様式など：読解・思考作業の容易さ・快適さを決める高次要因）

眼に入る入力信号としての適合性①は，解像度やコントラスト，濃度など，数値にしやすい物理的な要因であり，従来は，これらがおもに議論をされてきた．これに対しての脳での理解過程への適合性②は，従来必ずしも十分に議論されてきたとはいえない部分であり，電子ペーパーの読みやすさ実現のうえで，今後とくに検討が必要と考えられる要因である．眼への入力信号としての適合性は大前提であるが，脳での理解過程に対する適合性は，たとえば教科書などの用途を想定してみればその重要性は明らかである．本章では，このような脳での理解過程に対する適合性をも考慮しながら読みやすさの議論を進める．

6.1.4 作業比較実験の意義

紙のような読みやすさをめざすうえでは，現状で不満のあるディスプレイの実態について，紙とはどこがどう違って不満なのかを解明することがその近道である．不満点については日ごろ実感されつつも，その定量化は必ずしも進んでいない．この差分感覚の定量化が，現状分析に始まり解決策へと進む第一歩と考えられる．紙と電子ディスプレイとで同じ作業を行ったとき，作業効率，疲労度にどのような差が生じているのかなどを測定した，いくつかの実験検討の方法と結果について次に紹介する．

6.2 紙とディスプレイの作業比較実験

6.2.1 紙と各種ディスプレイの作業比較（実験A[8]）

(1) 目的

紙と各種ディスプレイとで同じ作業をさせた場合の作業効率と，被験者の疲労などに関する所感を比較し，その違いを定量的に把握する。

(2) 方法

同じ課題（英文に対する和訳文選択問題）を各種のディスプレイ上に提示した場合と，ハードコピー上に提示した場合とで，課題を解く速度，正解率について測定する（被験者25人）。

(3) 結果

おのおのの媒体における作業効率を「実効作業効率＝問題消化率×正答率」という指標で定量比較した客観評価結果を図6.1に示す。図6.2は作業課題を行った被験者に，媒体の見やすさと作業における疲労度について，5段階主観評価をさせた集計結果である。客観評価においては媒体による差はわずかであるのに対し，主観評価においてはハードコピーが明らかに高い評価を得ており，また各種ディスプレイ間での差は主観評価，客観評価ともに少ないという結果が示されている。

これらの実験結果は，ハードコピーの優位性が，客観的な作業効率よりは作業者の主観的実感において強く現れたことを示している。ただし本実験は，短

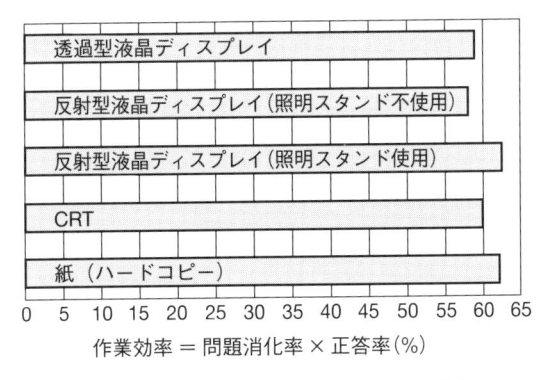

図6.1　各種表示媒体における作業効率

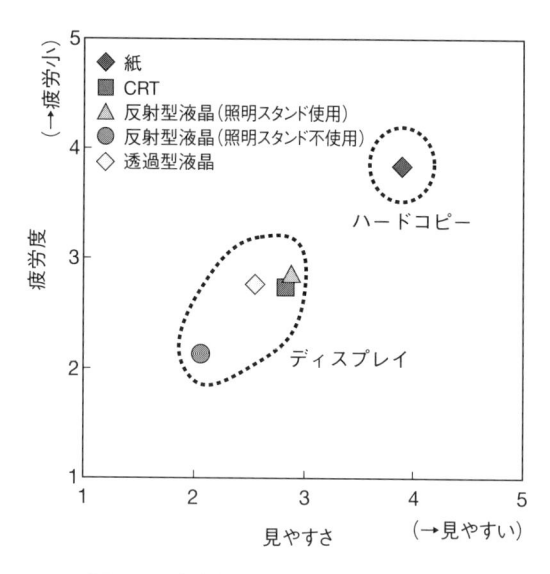

図6.2 各種表示媒体の主観評価結果

時間作業(制限時間:3分)における比較的単純な作業における結果であり,より長時間・複雑な作業を行わせた場合の評価結果としては,客観的作業効率にも大きな差が発生する可能性も考えられる。

6.2.2 紙とディスプレイでの文章校正作業比較(実験B[9])
(1) 目的
文書の修正作業をディスプレイ上のみで行うと,誤字脱字などの間違いに気づきにくいように思える。最終的には紙に出力してチェックしないと不安であると一般的にいわれている。このように文書の修正作業をディスプレイ上で行うのは,紙上で行う場合に比べて確かに間違いに気づきにくいのか,定量的に確認し,その実態に対する原因を分析する。

(2) 方法
被験者(6人)にディスプレイ画面上と紙面上とで文章の校正を行わせ,その作業性(作業時間,正答率)を測定する。被験者は机上の同じ位置に提示されたディスプレイ画面または紙面(いずれもほぼ垂直置き)上の問題文章(朝

日新聞の天声人語）中から誤字・脱字（計15カ所：被験者は数を知らされていない）を見つけて，同じ文章が書いてある机上の解答用紙（水平置き）上に誤り箇所をマークする。次の3とおりの作業条件下で，紙とディスプレイでおのおの校正作業を行わせ，作業時間と正答数を計測する。

① 制限時間を設けず自由に校正作業を行う
② できるだけ急いでかつ正確に校正作業を行う（作業時間指定なし）
③ 十分な指定作業時間下でじっくり作業を行う（作業時間指定：12分。作業時間は，条件②における被験者6人中の最長作業時間に対して，10%増しの十分な時間として12分間を設定）

(3) 結果

作業条件①，②，③における実験結果をおのおの図6.3①，②，③に示す。所要時間の測定結果は，紙上で制限時間を設けず自由に校正作業を行った条件①における平均作業時間（493秒）を基準として，比率を%表示している。また正解率は，用意された15カ所の誤りに対して，正しく発見できた箇所の比率を正答率として%表示している。

制限時間を設けず自由に校正作業を行わせた場合①では，ディスプレイでは紙と比べ作業時間が短く（紙上作業比7%減），正答率が顕著に低い結果（紙上作業比16%減）となっている。できるだけ急いで校正作業を行わせた場合②と，十分な指定作業時間を与えじっくり作業を行わせた場合③においては，紙−ディスプレイ間の正答率の差はわずか（ディスプレイのほうが若干低い）である。作業時間に関しては，できるだけ急いで校正作業を行わせた場合②に

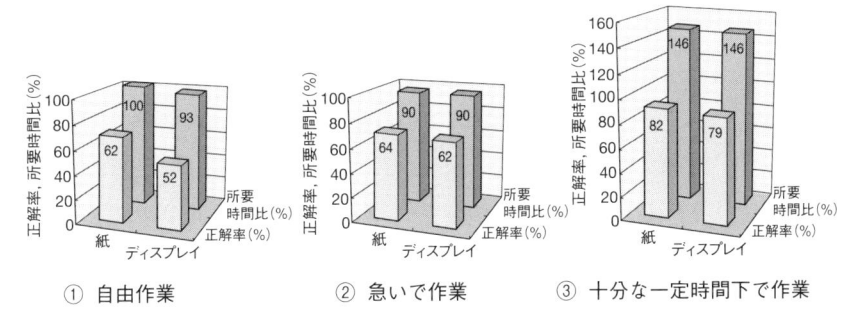

図6.3 紙上とディスプレイ上での校正作業比較結果

おいて，紙とディスプレイはほぼ等しい結果となっている。

　実験結果から，ディスプレイ上では紙上に比べて間違いが見つかりにくい傾向が確認された。その原因としては，自由な作業条件①において，ディスプレイでの作業時間が紙での作業の場合に比べて短かったことが関連づけて考えられる。すなわち，ディスプレイ上では，紙上で行う場合に比べて作業時間は自然と短くなる傾向があり，その結果として間違いなども見過ごしやすくなると解釈できる。

　このような解釈は，作業時間短縮という作業動機を与えて結果的に両者の作業時間がほぼ同一となった条件②，同一の十分な作業時間を与えた条件③においては，作業時間に完全な自由度を与えた条件①のように紙上作業の明確な優位性が正解率に関して示されなかったことからも補強される。ただし，実験条件②，③においても，ディスプレイ上作業の正答率は紙上作業に比してわずかといえども低めであったことに関して，実験誤差の範囲内とも考えられるが，作業時間以外の要因も別途考慮する必要がある。

6.2.3　画面の呈示形式（ページ／スクロール表示）の影響評価 　　　（実験C[10)]）

(1) 目的

紙とディスプレイの対照的な点のひとつとして，紙におけるページめくり形式の読み方と，ディスプレイで常用されるスクロール形式の読み方の差が，読みやすさに及ぼす影響を調べる。

(2) 方法

4ページにわたる文章を，同一のディスプレイ画面上において，ページ送り形式またはスクロール形式で読んだあと，内容に関する設問に○×で答える課題を設定し，ページ送りとスクロールでの成績と所用時間（作業速度）を調べる。この際，作業条件として本文通読後に，①本文を参照せずに設問に回答する，②本文を参照しながら設問に回答する，という2種類の作業条件に関して比較実験を行う。

(3) 結果

図6.4に示すように作業条件①，②間で大きく異なる結果が得られている。

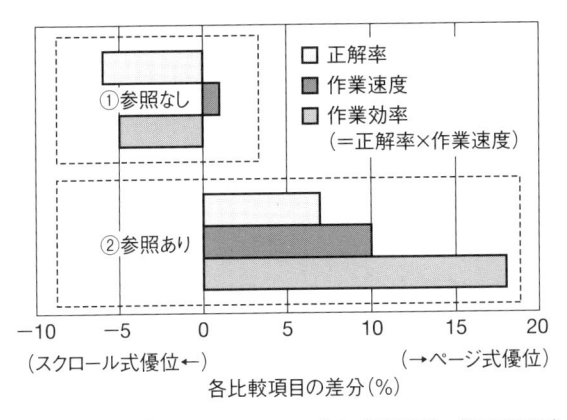

図6.4 ページ式・スクロール式の成績比較（読解課題）

すなわち，①本文参照なし（通読のみ）で設問に回答した場合にはスクロールのほうが若干優位なのに対し，②本文参照ありで設問に回答した場合にはページ送り形式が大幅に優位である結果が示されている。

スクロール形式は，文章を一方向に一度だけ読む場合には，途切れなく読める点で多少のメリットがあるが，必要に応じて読み返す場合には，巻物のような文書構成であるために，理解や作業がページ送り形式（ページ構成感覚が内容把握や参照の手がかりになる）に比べて顕著に不利となりやすいためと考えられる。

先に紹介した実験A（1画面に課題文章がすべて表示された状態での回答作業）において，印刷物および各種のディスプレイ方式間で作業効率上の優劣に特筆すべき差が見られなかったことと対照的に，本実験（課題文が1画面に収まらない場合での回答作業）では，同一のディスプレイ装置上でも表示形式の違いにより作業効率の大きな優劣を生じていることが注目される。ページ送り式表示形式のメリットは，ディスプレイ装置において重要視すべきであろう。

ちなみに，紙とディスプレイとの単純な比較実験においては，じつはディスプレイ作業は大きなハンディをもつ場合が多い。ディスプレイ上作業は1画面使用が普通なのに対し，紙では多画面使用が通常許されている。この点に関しても検討事例があり，多画面の有利さを示す定量評価例が報告されている[4,11]。たとえば製品カタログ比較作業などの場合，多画面の同時閲覧による作業性の

向上は自明である。人間の短期記憶能力は，画面切り替えによる比較作業には不足気味と考えられる。電子ペーパーの検討においては，紙のように多枚数を同時使用できることの重要性が指摘されている[12]。

6.2.4 媒体の固定呈示作業と手持ち作業の比較（実験D[13]）
(1) 目的
一般に紙媒体は手で持ったり机上に置いたりという自由な状態で読むことが多いのに対して，ディスプレイ媒体は机上などに固定されていることが通常である。このような呈示条件の違いは，読みやすさや疲労度の違いをもたらす重要な候補要因のひとつとして考えられる。紙と軽量の液晶ディスプレイユニットを対象として，「自由保持」（手持ちまたは机上水平置きを被験者に一任），「固定呈示」（机上に斜め固定）という2種類の呈示条件による読書作業性比較の結果として，とくにディスプレイにおいて読みやすさと疲労度について自由保持の優位性を示す評価結果が得られている[14]。本実験はディスプレイ媒体を「手持ち」状態で使用することの優位性を改めて確認することを目的とし，電子書籍端末〔LIBRIé（リブリエ）：ソニーエンジニアリング製，∑Book（シグマブック）：松下電器産業製〕を用いて媒体呈示条件の読書作業への影響評価を行う。

(2) 方法
媒体呈示条件を（立て掛け(V)，水平置き(H)，手持ち(F)）の3種類とし，2種類の電子書籍端末（リブリエ，シグマブック）と比較対象としての紙につ

表6.2 媒体呈示条件の評価に用いた表示媒体

媒体	重量	表示仕様
リブリエ	300 g	電気泳動表示方式 6インチ，SVGA
シグマブック	560 g	コレステリック液晶表示方式 7.2インチ，XGA
紙	440 g	コピー用紙にインクジェット印刷 B5判，縦長 （ホルダー上に80枚をセット）

いて，3種類の呈示条件（V，H，F）において被験者に 30 分ずつ小説（夏目漱石『坊ちゃん』）を読ませ（各媒体間の休憩：15 分），作業後に疲労度（眼），疲労度（体），読みやすさについての評価をさせる。媒体の詳細を表 6.2 に示す。

被験者は 19〜24 歳の男女延べ 16 人（1 媒体あたり 4〜6 人）である。被験者には 3 つの評価項目，①眼についての疲労，②体（眼以外）についての疲労度，③読みやすさ，についてまず評価項目としての重み付けについて回答させたあと，各評価項目に関して 3 種類の媒体提示条件の評価を行わせる。総合評価としては，被験者ごとに得た 3 つの呈示条件への評価結果と，項目①，②，③への各被験者固有の重み付け結果を掛け合わせて全被験者の平均を求める。この際，被験者の主観評価に対する分析手法として AHP*（analytic hierarchy process：階層化意思決定法）[15]を用いる。

(3) 結果

総合評価結果（被験者平均値）を図 6.5 に示す。電子書籍端末においては，いずれも手持ちが顕著に高評価となっている。一方で紙媒体においては，呈示条件による影響は体の疲労度を除いてはほとんど見られず，各呈示条件がほぼ同等の評価となっている。

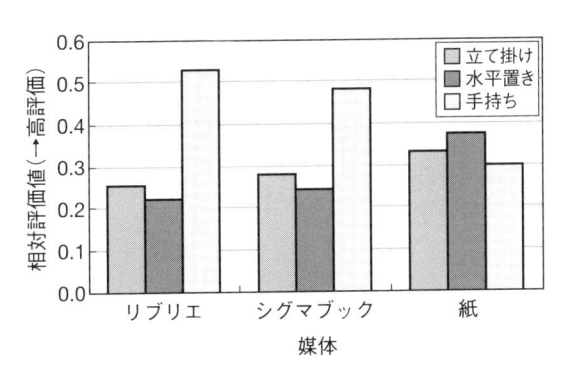

図 6.5 媒体呈示条件の影響評価結果

---

* AHP は T. L. Saaty（ピッツバーグ大学）が開発した意思決定法。AHP は各レベル間の評価項目について一対比較を行い，さらに個々の評価項目について，代替案間においても一対比較を行う。一対比較には，評価者の感覚が鋭敏に反映されやすい利点がある。

2つの電子書籍端末に関して「手持ち」条件が顕著に高い評価を示し，予想された手持ちの優位性が確認されている。「手持ち」条件が高い評価を示したことは，われわれが読書を行う通常の姿を指向する自然な結果と考えられる。通常のディスプレイ上で本を「読む」ことに抵抗感があるとすれば，上記評価結果はその1つの理由を示すともいえる。

そのような観点からみれば，実験に用いられた2種類の電子書籍端末がいずれも手に持てる形状・重量などを備えていることは，読書媒体としての読みやすさにおおいに寄与していると考えられる。ただし，紙に関して示された評価の呈示条件非依存性を考慮すると，このような電子媒体の表示性能などがさらに向上し紙に近づくことにより，呈示条件に依存せず読みやすい媒体へとより進化していくことが，電子媒体の最終目標であるとも考えられる。

6.3　実験結果のまとめ

以上にあげた実験結果は，より多くの被験者を用い，かつ多面的な実験によってさらに検証を受けなければならないものであるが，現時点では次のような知見としてまとめられる。

- 紙，CRT，液晶ディスプレイ（反射型・透過型）の4媒体の作業比較結果としては，疲労度と見やすさに関して紙の優位性が示され，また3種の電子ディスプレイ間で特段の差は見られなかった（実験A）。
- 紙に比べてディスプレイにおいて作業が遅いということは見られない（実験A，B）。むしろ自然と作業は早く終わらせる傾向があり，結果的に文章の誤りをじっくり見つけるような作業は，未完了で終了する結果となりやすい（実験B）。
- ディスプレイ作業において一般的に用いられるスクロール表示形式は，紙作業におけるページ単位の表示形式と比較して，作業の完成度を低下させる傾向がある（実験C）。
- 軽量のディスプレイに対する手持ち作業は，同媒体を机上に固定した場合と比べて顕著に高い主観評価を示した（実験D）。ディスプレイが通常は固定呈示に限られることは，ディスプレイ作業に対する低評価傾向の候補

要因として考えられる。

　紙とディスプレイの作業差異には，非常に多様な要因が含まれている。多様な観点での実験検討により，紙の優位性，現状でのディスプレイの弱点を分析的に明らかにしていくことは，電子ペーパーの満たすべき具体的要件を明らかにするアプローチとして期待される[16]。その際，読みやすさを追求するうえでは，じつは「読む」にもさまざまな種類があることを考慮する必要がある。たとえば小説を読む局面であれば，一方通行的に最初から最後まで通読することになるのと対照的に，教科書や参考書で勉強する際には，一方通行ではなく，くり返しや参照をしながら理解や暗記を進めるのが通例である。間違い探しや推敲をしながら原稿を仕上げていくような場合も，通読とは異なる読み方になる。このように同じ「読む」でもその内容は多様であり，読みやすさを考えていくためには，さまざまな読み方を想定する必要がある。そのような多様な読み方に対して"読みやすさ"を実現することが，電子ペーパーのめざすべき目標である。

▼参考文献

1) R. T. Wilkinson, H. M. Robinshaw：Proof-reading：VDU and paper text compared for speed, accuracy and fatigue, *Behaviour and Information Technology*, **6**(2), 125-133, 1987.
2) 増田勝彦，面谷　信，高橋恭介：「ディスプレイ上作業とハードコピー上作業の作業効率比較」，日本画像学会誌，**129**，159-165，1999.
3) 内山直人，面谷　信，高橋恭介：「ハードコピー上とソフトコピー上における思考作業効率の比較」，Japan Hardcopy '99，pp.77-80，1999.
4) 小清水実，津田大介，馬場和夫：「電子ペーパーに求められる形態的特性の研究」，映像情報メディア学会技術報告，pp.19-24，2001.
5) 渡辺弘貴，面谷　信，高橋恭介：「ヒューマンインタフェースとしてのソフトコピーとハードコピー—脳波計測からのアプローチ—」，Japan Hardcopy 2000 論文集，pp.97-100，1999.
6) 桜木一義，面谷　信：「印刷物の読みやすさについての文字濃度・背景濃度に関するマップ化〜電子ペーパーに対する設計指標として〜」，Japan Hardcopy 2004，pp.197-200，2004.
7) 磯野治雄，高橋茂寿，滝口雄介，山田千彦：「電子ペーパーと文庫本で読書した場合の視覚疲労の比較」，信学技報，EID2004-80，pp.9-12，2005.
8) 吉川宏和，境　秀知，面谷　信，高橋恭介：「各種ディスプレイおよびハードコピーに対する主観・客観評価の比較」，Japan Hardcopy 2001 論文集，pp.123-126，2001.

9) E. Izawa, M. Omodani：Difference in Performance between Paper and Displays Used for Proofing：a Study for Electronic Paper, Proc. IDW/AD '05, pp.847-850, 2005.
10) 今井順子，面谷　信：「文章理解度のディスプレイ上における低下要因の抽出―読みやすい電子ペーパーを目指して―」，日本画像学会誌，**166**，90-94，2007.
11) 今井順子，面谷　信：「電子ペーパーに望まれる読みやすさに関する研究―ページ表示の形式と読みやすさの関係評価―」，Imaging Conference JAPAN 2007 論文集，pp.55-58，2007.
12) 面谷　信，岡野　翔，井澤英二郎，杉山明彦：「電子ペーパーのめざす読みやすさに関する研究―紙とディスプレイの読み取り作業比較実験からわかってきたこと―」，日本画像学会誌，**154**，121-129，2005.
13) 岡野　翔，面谷　信，中田将裕，前田秀一：「読書作業性に及ぼす媒体呈示条件の影響評価―電子ペーパーのめざす読みやすさに関する検討―」，信学技報，EID2004-80，pp.13-16，2005.
14) 岡野　翔，面谷　信：「電子ペーパーのめざす読みやすさの検討―読書作業性に及ぼす媒体呈示条件の影響―」，Japan Hardcopy 2004，pp.193-196，2004.
15) 木下栄蔵：『入門 AHP』，pp.5-28，日科技連，2000.
16) 岡野　翔，面谷　信：「読みやすい電子ペーパーの具備すべき条件の検討―媒体呈示条件，媒体重量，表示面サイズが読みやすさに及ぼす影響評価―」，日本印刷学会誌，**43**（5），34-41，2006.

第7章 電子ペーパーの用途展開

7.1 用途概論

7.1.1 用途の広がりと分類

電子ペーパーの用途の可能性は，広範囲にわたり期待されるものである。本章では，電子ペーパーに期待されるそのさまざまな応用範囲について詳述するが，本節ではそれに先だってまず応用範囲の全体像を俯瞰してみることとする。電子ペーパーの応用分野の分類には，たとえば次のようにいろいろな軸を据えて考えることができる。

期待される主要な用途：①書籍，②新聞，③書類，④広告・掲示，
　　　　　　　　　　　⑤情報表示全般，⑥装飾など
代替対象物：①紙の代替，②既存ディスプレイの代替，③新規用途
使用シーン：①パーソナル（身に付けて移動），②ホーム，③オフィス，
　　　　　　④産業（工程・物流管理など），⑤パブリック

表7.1に上記の3分類を網羅して示す。このようなさまざまな分類や組合せは，電子ペーパーが何に応用できそうか網羅的に把握し，あるいは新アイデア抽出をする際などの指標となるであろう。

紙への置き換えを最初のねらいとする電子ペーパーが，ディスプレイへの置き換えをもねらうのは，奇異に感じられる部分もあるかもしれない。これは紙への置き換えをねらううえで有利である反射型・メモリ性・コンパクトという基本機能が，既存のディスプレイ技術では従来あまり実現されてこなかった新規性能領域であり，ディスプレイ分野のなかでも独自の守備範囲を示せる可能性があるからである。電気泳動方式のディスプレイが，海外で携帯電話の主表示パネルに採用され，約1000万台の生産実績をあげた実例は，日中の戸外で

見やすく，電池が長持ちし，安くてコンパクトという，既存のディスプレイ技術で達成しえなかった性能領域を，電子ペーパーの表示技術が実現したことによるものである。

7.1.2 電子ペーパー用の新表示技術と従来型表示技術の関係

電子ペーパーの用途と新しい表示技術の守備範囲は既存のディスプレイ技術の用途と従来型表示技術の守備範囲とたがいに交差し踏み込みあう関係にあることを，1章においてすでに述べた（1章の図1.2を参照）。すなわち，表7.1にあげた電子ペーパーの応用分野には，既存の液晶表示方式など従来型のディスプレイなどにとっても有望な応用分野と考えられる用途は多い。逆に，携帯

表7.1 電子ペーパーの応用分野の整理

個別分野		分類	利用シーン					市場	
用途	具体例	代替対象	パーソナル	ホーム	オフィス	産業	パブリック	期待規模	立ち上がりの速さ
書籍	小説類・雑誌・漫画・マニュアル・公報類	紙	◎	○	○	―	―	◎	○
新聞	全国紙・地方紙・娯楽紙・業界紙		◎	○	○	―	○	◎	△
書類	ビジネス文書・工程/発注指示書		○	○	◎	◎	―	○	○
広告・掲示	車内広告・街頭広告・値札・時刻表		―	○	○	○	◎	○	◎
情報表示	携帯電話・電子辞書・PDA端末・時計	既存ディスプレイ（液晶など）	◎	○	○	○	○	△	◎
装飾	衣服・装身具・壁紙	新規	○	○	○	―	○	△	△

電話のディスプレイに電気泳動方式を適用するなど電子ペーパーの新しい表示方式は，前節でも述べたように省電力性などの独自の特長性により既存の汎用ディスプレイ分野においても競争力を示す領域を有する。すなわち，電気泳動方式などの電子ペーパー表示技術と，液晶方式などの既存のディスプレイ技術とは，同一の市場においてある程度競い合う関係にあり，それぞれの主市場においてもまったくの独壇場とはならないことに留意すべきである。

7.1.3　応用分野の市場規模および立ち上がり時期

　電子ペーパーの応用分野のなかでは，市場規模に関する期待値は書籍と新聞の分野でとくに大きいと考えられる。これはおのおのの分野で，印刷業が占めている売り上げの規模から容易に予想できることである。ただし，ねらう既存の市場が大きいほど，新規参入や置き換え進行の困難さは増大するのが当然である。たとえば書籍の分野では，既存の紙による出版システムが，流通・販売システムと強固に連携して独自の牙城を築いている。また新聞の分野においては，その個別宅配を基本とするシステムが，全国津々浦々の新聞販売店組織による強固な基盤で支えられている。このような既得権で固められた市場に参入するのは容易ではない。これらの分野での市場の立ち上げにはそれなりの時間がかかると考えられ，長期的視点でのチャレンジが必要とされよう。一方で，広告・掲示分野（値札などを含む）や情報表示（携帯電話など）の分野は，既存ディスプレイとの競合分野を含んでいることもあり，市場規模とすれば前述の書籍・新聞の分野ほどではないと考えられるが，新規参入に関しては書籍・新聞の分野よりもむしろ敷居が低いと考えられる。現にすでに小売店での広告パネルや値札への導入，携帯電話のディスプレイとしての大規模な採用などの事例がある。

　電子ペーパーの分野における長期的なビジネス戦略としては，書籍・新聞の巨大市場に対し忍耐強く長期戦で臨む部分と，市場規模は巨大でないとしても新規参入の敷居の比較的低い広告・掲示や情報表示の市場に対し早期の立ち上げをねらう部分との，両方が必要とされると考えられる。生産規模に応じて製造コストも下がるという一般則に照らしても，立ち上がりの速い市場でしだいに生産量を確保しつつ，巨大市場への乗り込みに備えるような戦略も必要と考

えられる．

7.1.4 紙への置き換えをねらう技術的手段

電子ペーパーの応用用途を網羅してみると，広範囲な応用の可能性があることがわかるが，表7.1にも示されているとおり，紙（印刷物）への置き換え用途の関係項目が多く，市場規模としても期待値が大きい．これは従来，コンピュータとディスプレイの技術進歩と普及により紙が不要となると期待しつつ，これまで裏切られてきたことに対する再挑戦という性格の部分である．表7.2はその点を考慮して，電子ペーパーのねらいを整理したものである．電子ペーパーは，もともと紙では可能でも既存のディスプレイ技術では提供されてこなかった項目である①ページ全体表示，②複数枚同時閲覧，③自由保持，④閲覧場所自由度，を紙のように実現する一方，紙の本質的弱点である⑤情報の容積効率，⑥情報流通の効率，⑦省資源，を電子技術の特質を活かして圧倒的に有利とするねらいをもつ．とくに読みやすさの改善をねらう項目については，6章の電子ペーパーのヒューマンインタフェースに関する検討結果および今後の検討項目を，その設計思想に活かすことが有効と考えられる．

表7.2 紙・ディスプレイの長所・短所と電子ペーパーのねらいとの関係

		紙 (印刷情報)	ディスプレイ (電子情報)	電子ペーパーのねらい (実現手段)
読みやすさ	ページ全体表示	○	×	○ （ページ単位の表示）
	複数枚同時閲覧	○	×	○ （薄型，軽量化）
	自由保持	○	×	○ （薄型，軽量化）
	閲覧場所自由度	○	×	○ （薄型，軽量，非脆性，省電力）
効率性	情報の容積効率	×	○	○ （情報電子化による）
	情報流通の効率	×	○	○ （情報電子化による）
	省資源	×	○	○ （媒体のくり返し使用）

7.2 電子書籍

7.2.1 読書専用端末の表示と機能

前節で電子ペーパーの利用用途のひとつとして電子書籍市場について述べた。ここでいう電子書籍とは，ディスプレイを備えた携帯型の電子書籍用専用端末のことである。PDA（個人向け情報端末）の一種で電子書籍リーダー（eブックリーダー）とよばれることもあるが，ここではソフトウェアではなくデバイスであることを明らかにするために「読書端末」と記すことにする。

なお最近では，電子書籍とよぶ場合は，おもに印刷物として発行された書籍を電子化したデジタルコンテンツをさすことが多い。CD-ROM出版物や電子辞書，自然科学系の電子ジャーナル（学術雑誌）までを含んで広くとらえる場合は，電子出版（あるいは電子出版物）と称するのが一般的である。

(1) 今までの読書端末とプロジェクト

紙メディアである出版物は，コンテンツのパッケージメディアであると同時に，表示メディア（ブラウザ）である。一方，電子書籍を読むにあたっては，デジタルデータを人が認識できる文字や画像に再生する表示装置が不可欠である。メディアの流通形式がCD-ROMやDVDでパッケージ化されるにしろ，インターネットでデータとして配信されるにせよ，何らかの装置が必要なことに変わりはない。当然のことながら，書籍に比べて可搬性（携帯性）と電力供給の2点で不利となる。

日本初の電子出版物は1985年の『最新科学技術用語辞典』（三修社）であるが，広く書店で扱われるようになったという点では，1987年の『CD-ROM広辞苑第三版』（岩波書店）からである。当時は，CRTディスプレイが主流であり，電子出版物はパソコンを利用して机上で読むスタイルであった。

携帯型の読書端末が注目されるのは，ソニーの電子ブック「データディスクマン」（1990）からである。これは小型モノクロ液晶ディスプレイと8センチCD-ROMドライブを備えたものであった。リファレンス系コンテンツを中心に90年代に一定の市場を形成し，現在の電子辞書に受け継がれている。1993年にはNECから片手で持てる再生専用の読書装置「デジタルブック」も商品化されている。文芸コンテンツを主眼においており，機器の仕様や文芸市場を

対象とした点で，今日の読書端末の基本概念にそった専用機であった。ただし，データメディアは外付けのフロッピーディスクドライブであり，解像度，重量，電池の持ち時間などの機能が低く，読者の支持を得ることはできなかった。

現在，発売されている読書端末は，携帯性や通読性を備え，読むことを優先して開発されている。このような基本概念が明確に提示されたのは，90年代末に日米で相次いで開発された読書端末においてである。米国では，ベンチャー企業により「ロケットeブック」や「ソフトブック」が発売された。当時，インターネットの急速な普及により，いわゆるドットコムビジネスがブームとなっていた。そのひとつとして電子書籍に期待が高まり，小説などの一般書が電子書籍に移し換えられて，すぐに読者に受け入れられるかのようにいわれた。その考え方は日本にも直輸入されて，同様なブームをひき起こした。しかし，欧米では2001年以降のドットコムバブルの崩壊で，電子出版のベンチャー企業は相次いで撤退した[*1]。

日本においては，1999年から翌年にかけて，通産省（当時）からの補助金を得て，メーカーや多くの出版社が参加した「電子書籍コンソーシアム実証実験」が行われている。コンテンツのデータ形式や流通チャンネル，販売ビジネスモデルなどさまざまなテーマで実証実験を行ったが，そのひとつに読書端末の開発があった。この開発方針について，次のように報告されている。

「従来の書物の持つ，可搬性の高さ，可読性の高さを継承するためには，高解像度の表示装置を持つ携帯可能な専用読書端末が必要ではないか。いたずらに検索の利便性などの従来の本では実現できない機能に拘泥するのではなく，従来の書物の大部分を占める通読型の書物の電子化に焦点を絞るべきではないか。」[1]

コンソーシアム関係者にとって，高解像度ディスプレイが読書端末開発の重要ポイントであったことがわかる。この問題意識に対して，次のような技術的目標が設定された[2]。

「175 dpi 程度（一般的な人間の目の解像度に相当）の高解像度液晶を持った携帯読書端末を開発する。形態的にも可能な限り，従来の書物のメタファ

[*1] ジェムスター社がロケットeブックとソフトブックを買取して電子書籍端末ビジネスに乗り出したが，2003年6月18日に販売を中止した。

ーを尊重する。」[*2]

コンソーシアムで開発された読書端末は，8階調グレースケールXGAの7.5インチ反射型液晶ディスプレイで，入力方式はタッチスクリーンであった。「書物のメタファーを尊重する」として，2枚の液晶ディスプレイで見開き画面をもった読書端末の開発をめざした。結果的には1枚画面であったが，この設計思想はのちに松下電器のΣ Book（シグマブック）によって実現された。

このように，出版関係者からは表示の高精細化と低消費電力による長時間使用が求められてきた。21世紀に登場した電子ペーパー搭載機器はこれらの要望に応えるものであった。しかし，初の電子ペーパー搭載商品となったソニーのLIBRié（リブリエ）（電気泳動方式）にしろ，松下電器のシグマブック（コレステリック液晶方式）にしろ，読書端末はきわめて少ない販売台数にとどまっている。この点について書籍との比較のなかで，読書端末の構成要素と表示機能の役割に注目して，次に検討する。

(2) 高精細画像表示への要求と疑問

読書端末の比較一覧を表7.3に示す。これからもわかるように電子書籍コンソーシアムの読書端末は，画面サイズと解像度だけを比較すれば現状の読書端末と比較して遜色はない。おそらく，さらに高解像度ディスプレイにして，形態的に書籍をまねた読書端末がつくられたとしても，書籍を超える読みやすさを実現することはないだろう。

6章の実験からもわかるように，「読みやすさ」はさまざまな要素が複雑に絡み合って成立しており，心理的な判断を含む基準である。とくに書籍は習慣性のある読書行動を伴っており，読書は社会的・文化的背景のなかで成立した情報行動だからである。ただし，電子ペーパーの開発成果を手にする以前の当時として，高解像度ディスプレイを絶対条件とした背景は理解できないでもない。むしろ，当時の技術的未解決が電子ペーパーに対する期待につながったともいえよう。

ニコラス・ネグロポンテはインターネットが登場した90年代半ばにおいて，

[*2] 「175 dpiが人間の目の解像度に相当する」という説明について，科学的な根拠の出典は明示されておらず，筆者も他の文献で確認できていない。なお，同『成果報告書』では「この解像度が，オフセット，グラビアなどの製版の際に用いられるスクリーン（いわゆる網掛け工程）の解像度（線数）とほぼ同程度である」とあるが，階調のことが考慮されておらず，疑問の残る比較である。

表 7.3　読書端末の比較[3]

			電子書籍コンソーシアム読書端末	シグマブック	リブリエ	ソニーリーダー PRS-505	iRex iLiad	Amazon Kindle
製品名								
製造者			シャープ	松下電器	ソニー	ソニー	iRex Technologies	Hon Hai Precision Industries/Lab126
重さ (g)			720	520	190	255	388	289
電子ペーパー表示部	方式		液晶 バッテリーなし	反射型コレステリック液晶 バッテリーなし	E Ink バッテリーなし	E Ink 内蔵バッテリー	E Ink 内蔵バッテリー	E Ink 内蔵バッテリー
	表示部寸法 (mm)	横		110	90	90	122	90
		縦		145	120	120	163	120
		インチ	7.5	7.2×2枚	6	6	8.1	6
	解像度	縦	1024	1024	800	800	1024	800
		横	768	768	600	600	768	600
			XGA	XGA	SVGA	SVGA	XGA	SVGA
	階調		170 dpi 8階調グレースケール	180 dpi 16階調グレースケール	170 dpi 4階調グレースケール	166.7 ppi 8階調グレースケール	158 ppi 16階調グレースケール	166.7 ppi 4階調グレースケール
入力方式			タッチスクリーン	なし	キーボード	テンキー	ペン入力	キーボード
電源持ち時間			なし	約3ヵ月 (1日80ページ)	1000ページ	7500ページ	15時間 (大バッテリー)	通信オン1日, オフ1週間以上
通信 (無線/有線)			なし	なし	なし	なし	WiFi 802.11b, 10/100 LAN	EVDO/CDMA
ファイル形式			画像フォーマットのみ	Hach. Book	BBeB	BBeB, PDF, テキスト	PRC/MOBI, PDF, テキスト	PRC/MOBI, AZW, テキスト
外部メモリ			Click! (貸与)	SD	メモリースティック	メモリースティック	MMC, CF, USB	
価格			(貸与)	40000円	40000円	299.99ドル	699ドル	399ドル
出荷 (発売)			1999.11	2004.7	2004.4	2007.1	2006 第3四半期	2007.11

電子書籍の可能性について次のように述べている[4]。

　「書物はコントラストの高い表示装置である。軽くて簡単に目を通すことができ，それほど高価でもない。しかし，本を読者のもとに送り届けるには，輸送や在庫のための費用がかかる。（中略）もっとまずいのは，品切れもあり得ることだ。デジタル形式の書物は決して品切れにならない。いつでもそこにあるのだ」

表示における本の優位性を指摘したうえで，デジタル形式の利点を指摘したものである。当時においては，本の未来について語った可能性に満ちた予言であった。ところが技術は瞬く間にその予言を現実のものとし，いつでもどこでも入手可能な時代となっている。それにもかかわらず，先にも指摘したようにデジタルコンテンツ市場の増大に比較して，印刷書籍は電子書籍に置き換わってはいない。

理由のひとつとして考えられるのは，ネグロポンテの指摘した利点がおもに出版社などサービス側のメリットな点である。読者の本質的な満足は「読むこと」のなかにあり，いつでもどこでも手に入るといった入手手段はその前段階にすぎず，さらにいえば，書籍のもつメディア特性は，紙質，柔軟性や堅牢性といった物理的な形態や，ページの積み重ねによる内容の空間的把握，パラパラめくってみるブラウジング機能，読書の習慣化など多方面にわたっている。ネグロポンテが評価した本の表示性能にしても，それだけでは読者を満足しえないのである。

紙と電子ペーパーの機能比較はすでに述べたとおりであるが，ここでは印刷書籍と電子書籍を含む読書端末について表7.4に比較した。これからも明らかなように，読書端末が印刷書籍に対して優位となるのは，表示性能ではなく，多くの冊数を携帯できるというその収納容量である。さらに読書端末の設計にもよるが，検索・通信など電子ペーパーの機能に依存しない，あくまでも電子機器としてのハードウェアスペックである。

また書籍は，縦組と横組で開く方向が異なる点を除けば，誰でもが扱える共通のインタフェースをもっている。一方，読書端末のインタフェースは市場が未成熟のこともあり，製品ごとに異なっている。電子書籍での一連の読書を考えると，まずファイル形式や流通販売，ダウンロードして読書端末に保存する

表7.4 印刷書籍と電子書籍（読書端末）の比較

	印刷書籍	電子書籍（読書端末）
コンテンツソース	活字	テキスト，画像，音
表示メディア	紙	液晶，電子ペーパー
（表示面）	紙質	ガラス面
（文字）	活字（固定）	デジタルフォント（可変）
（書き込み可能性）	追記，マーカーなど可	書き込みにくい
形態	冊子	電子機器
強度	柔軟で傷みやすいが機能が損なわれにくい	硬いが衝撃に弱く，機能が損なわれる
保存性・恒久性	高い	低い，電力保持
表示方法	ストック，ページ固定	フロー，拡大・縮小，スクロール
収納容量	少ない	何冊も収納可能
機能	目次，索引	検索，通信
リテラシー・読書慣習	子どもから取り扱えるが，習熟度に応じたリテラシーがあり，身につけた読書慣習は強い	機能が増えると初心者に取り扱いにくい。インタフェースは端末機能に依存する

まで，購入手続きからして不統一である。さらに読書するためにも，保存した本のなかから選択し，読む箇所を開き，ページ送り・戻り，文字サイズ，しおりなどのインタフェースが異なっている。市場を成長させるためにも標準化を図る必要があるだろう。

電子書籍に関する国際標準は，IEC TC100 TC10 が担当しており，IEC/TS 62229 により電子出版および電子書籍の概念モデルがすでに国際標準化されている[5]。このなかで電子書籍のファイル形式のモデルとして，執筆入稿のサブミッションフォーマット，情報交換用のジェネリックフォーマット，読書端末などのリーダーズフォーマットを規定したほか，読書端末のディスプレイ標準化について検討すべきとしている。電子書籍のビューワーについては，ページの送り・戻り，文字の拡大・縮小，フォント，ページジャンプ，ブックマーク，リンク，縦組・横組の選択などが検討対象として例示されている。その

後，ジェネリックフォーマットについてIEC 62448としてXMLで定義されている[6]。さらに現在，この拡張が議論されているほか，ビューワーに関してリーダーズフォーマットの標準化などが進んでいる。

もちろん，新たなメディアとしての確立やビジネスでの成功は，社会的文化的枠組みで分析すべき側面もあり，技術的解決だけによってもたらされるわけではないことに注意が必要である。

7.2.2 電子書籍の市場と現状
(1) 電子書籍市場と流通
『出版月報』2008年1月号の「2007年出版物発行・販売概況」によると，2007年出版物販売額は3.1%減の2兆853億円である。書籍は比較的好調だった前年の反動と新書など低価格商品へのシフトで落ち込み，雑誌は1998年から10年連続のマイナス成長となった。

これに対して電子書籍の市場動向は，2005年ごろから，それまで主流であったPC/PDA向け市場からケータイ向け市場に移行することで急激な成長を遂げている。

『電子書籍ビジネス調査報告書2007』によると，2006年の電子書籍市場規模は約182億円，成長率は対前年度比194%であったと推定している。市場規模の内訳は，PC/PDA向けが約70億円，ケータイ向けが約112億円と，この年に初めて逆転した。同『調査報告書』が調査対象としている電子書籍市場は，一般読者を対象としたインターネットによるダウンロード販売やケータイ向け配信のデジタルコンテンツであり，CD-ROMなどは含んでいない。最初に調査した2002年度は，PC向けに約10億円と推定され，ケータイ向け市場は形成されていなかった。

電子書籍販売サイトが扱っている2006年度末のタイトル数は，単純合計で約25万点（2005年度は約15万点），各サイト間の重複を差し引いたタイトル実数は約13万点としている。表7.5に電子書籍市場規模の推移を示した。

ケータイ向け市場が急成長した理由に，電子コミック販売の急増がある。シード・プランニング社の『CD-ROM版コミック配信ビジネスと対応端末市場動向』によると，2006年度の電子書籍市場の規模は280億円で，前年比280%

表7.5　電子書籍市場規模の推移

年	全体	PC/PDA	ケータイ	成長率
2002	10億円	10億円	—	—
2003	18億円	17億円	1億円	80%
2004	45億円	33億円	12億円	150%
2005	94億円	48億円	46億円	109%
2006	182億円	70億円	112億円	194%

出典：『電子書籍ビジネス調査報告書2007』

の伸びとなった。内訳をみると，電子コミック分野が190億円と電子書籍市場の68%を占めており，そのうち，ケータイ向けが165億円で前年（25億円）比660%となり，全体の87%を占める。推定値であることから，2つの調査報告に違いはあるものの，いずれもケータイ向け市場，とくに電子コミック分野の伸びが指摘されている。なお，この電子コミック分野は今後とも急成長が予想されている。

　また，電子出版の成功事例として，専用端末による電子辞書がある。電子辞書は1990年代初頭に出版社が提供した辞書コンテンツを収録した専用機として登場した。その後，1990年代末に電子辞書向けに開発した，簡略の辞書を収録した安価な製品が爆発的に売れ始めた。さらに2000年代に入って出版社から提供される印刷辞書の内容どおりに収録した製品が主流となった。

　2007年の国内市場規模は282万台，464億円市場と見込まれ，2009年予測で300万台，500億円市場と推定されている[7]。これに対し印刷辞書市場は，かつて年間の販売冊数で1500万冊といわれていたのが，今では800万冊程度であり，売上げは10年間で300億円から200億円まで縮小したことが指摘されている[8]。

　ディスプレイには5インチ前後が多く，以前は320×240ドットの反射型モノクロ液晶が主流であったが，現在では480×320ドットのバックライト付きモノクロ液晶が主流となっている。百科事典を収録しているものでは，写真や図版コンテンツのためカラー液晶ディスプレイの製品も一部にあるが，主流とはなっていない。

(2) ソニーリーダー（PRS500/505）

ソニーはリブリエの販売戦略を見直し，2006年10月に米国でソニーリーダーとして発売した。基本的な改良はユーザーインタフェースとE Ink社の電子ペーパーの機能向上である。リブリエで採用された電子ペーパーは4階調であるが，ソニーリーダーでは8階調になっている。

ソニーリーダーは，リブリエからキーボードをなくしてシンプルなデザインとなっている。さらに，評判の悪かった検索機能や辞書がなくなっている。日本人は多機能製品を好む傾向があるが，米国では新商品を投入するにはユーザーに印象づけるためシンプルにして，商品コンセプトを明確にする必要があるという。この「読むこと」に徹したことに加え，オープン対応としてPDFが読める点が評価されたという。ソニーの公式な発表によると，1年間で10万台販売と健闘した。1年後の2007年10月に2号機（PRS505）にバトンタッチしている。

電子ペーパー搭載の読書端末を利用した人の多くは，読みやすさには満足したが，書き換え速度が遅いことに不満を感じた。リブリエの検索機能の評判が悪かったのは，CPUの処理速度に問題があったのではなく表示速度が遅かったためと考えられる。そのためメニューの表示やカーソルの動きが悪く，利用していてイライラした。ソニーリーダーでは検索機能がないことに対する批判もあったが，現在のところ機能を絞ることで成功したと思われる。

2号機は書き換え速度の向上というより，インタフェースの変更に工夫がある。そのひとつが右側に縦に並べたボタンである。メニュー画面を表示した際，従来であればカーソルがゆっくり下がるのを待つことになったが，この改良で，メニュー横のボタンをダイレクトに押して選択することができる。

1回の充電で7500ページ読書可能で，内蔵メモリに80冊収納でき，価格はいずれも約300ドル（299.99ドル）である（図7.1左）。

ソニーリーダーのファイル形式はXML形式のBBeBであるが，PDFも採用した。ただし，PDFは拡大・縮小ができないので，全画面表示のみである。米国に多いレターサイズの文書を6インチ画面で読むと，文字がかなり小さくなって読みにくい。これは技術的解決を検討しているという。

日本語の文章は電子書籍化（BBeB）に人手がいるが，英語はかなり自動化

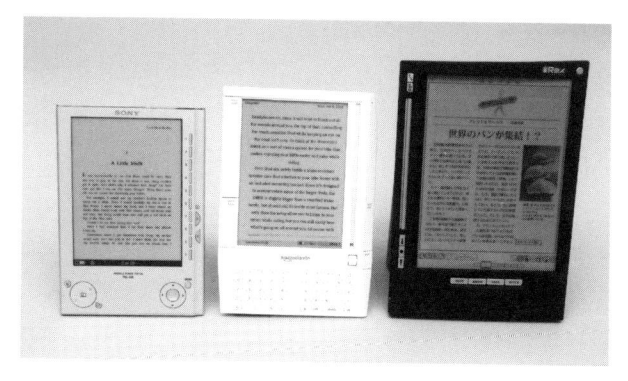

図7.1 各種読書端末（左からソニーリーダー，Kindle，iLiad）

ができる。コストは日本の製作費の10分の1である。日本の出版社はリブリエに対し書籍並みの組版品質を要求したが，米国ではそのような要求はなかったという。

むしろカラー化については，ユーザーよりも出版社から要求があったという。米国では電子書籍の有望な市場として，大学などの教科書がある。オールカラーで分厚い自然科学系教科書を何冊も抱えることを考えると，読書端末は魅力的と考えられる。

(3) Amazon Kindle

Amazonが読書端末を準備していることが，2006年にネットニュースでリークされた。当初，2007年1月発売予定とされたが，たびたび延長され，2007年11月19日にKindleと製品名が発表されると同時に発売が開始され，一時品切れが続く状態にまでなった。米国の電子書籍市場は，有力な読書端末の再登場で再びブームとなっている。

Kindleでは，入力機能，検索機能，通信機能などがサポートされている。通信機能は米国の携帯電話の電波サービス（EV-DO）を使い，常時接続している。

本体は399ドル，電子書籍は9.99ドルで，Kindleの発売と同時にAmazonのサイトで販売されている。新聞は月額5.99〜14.99ドル，雑誌は月額1.25〜3.45ドルで購入できる。

電子書籍や雑誌は，すべて Kindle の通信機能を使って Amazon のサイトから購入する。また，ウィキペディアやブログを読むこともできる。その際，通信費用は Amazon が負担するが，コンテンツ購入費がかかる。

ディスプレイは E Ink 社製の 6.1 インチ電子ペーパーで，8 階調（800×600）である。ソニーリーダーと同等品である。Kindle では，画面の右横に液晶による縦に細長いデジタルバーがついている。これをスクロールホイールで上下に動かして使う（図 7.1 中）。

ファイル形式は独自形式（.AZW）であるが，Amazon が 2005 年 4 月に傘下におさめた Mobipocket が表示可能である。Mobipocket は 2000 年に開発された電子書籍ファイルであり，当初，Open eBook をベースとして PDA やスマートフォンに対応していた。PDF コンテンツを表示することはできない。

(4) iRex 社 iLiad

iRex（アイレックス）社は 2005 年にフィリップスからスピンアウトした会社で，読書端末である iLiad（イリアッド）を発売している。iLiad ではディスプレイに E Ink 社の 8.1 インチ電子ペーパーを用い，独自技術で 16 階調（1024×768）を実現している。本体の重量は約 390 g で，無線 LAN（WiFi）インタフェースを搭載している。また，E Ink 電子ペーパー特有の遅い表示をタッチスクリーンのスタイラスペン入力により回避している。PDF コンテンツを表示できる（図 7.1 右）。

フランスの日刊経済紙レゼコーが iLiad を用いて電子ペーパー新聞を発売している。これについては，次節の電子新聞で述べることにする。

(5) 米国における電子書籍のニーズ

米国における全出版物（書籍・雑誌・新聞）の 2005 年の総売上げは，アメリカ出版者協会（AAP）の推計によると 251 億ドルであり，そのうち，ベストセラーなど一般書が 78 億ドルである。この市場規模はこの 10 年間変わらず，人口増を考えると米国人の読書離れが指摘されている。電子書籍は 180 万ドルで，オーディオブック（朗読小説など）の 200 万ドルと同程度であった。

Amazon Kindle が登場するまでの電子書籍市場の業者は，Amazon のモビポケット，パーム，PC，PDA であり，前述のように 2006 年に，電子書籍専用機としてソニーリーダーが登場して市場に広がりが出た。

電子書籍の価格は，Amazon が参入する以前は紙の本の 20〜30％割引であったが，Amazon はすべて 9.99 ドルとした。ソニーリーダー対応の電子書籍は発売開始時で 1 万タイトルだったが，1 年後には当初の予定より遅れたものの 2 万タイトルまで増やしている。これに対し，Kindle はスタート当初から約 9 万タイトルを準備している。

　ソニーリーダーが売れた背景のひとつとして，米国ソニーの担当者は，電子書籍のポータビリティ（携帯性）をあげている。米国で流通する書籍の多くは，大きくて厚いハードカバーである。たとえば『ダ・ヴィンチ・コード』の翻訳版は，文芸単行本に多い四六判上製で上下 2 巻，文庫本化の際に上中下 3 巻で出版されている。これが米国では菊版をひとまわり大きくしたサイズのハードカバーで 1 巻である。

　この大きくて不便な本を，米国人は旅行やバケーションに 2，3 冊持って行く。そして，読み終えれば捨てて帰ってくる人も多い。一方，ソニーリーダーの重量は 9 オンス（255 g），Kindle でも 10.3 オンス（292 g）と，ペーパーバック 1 冊よりも軽い。米国人にとって書籍の携帯性が，長いあいだ，潜在ニーズとなっていたといわれる理由である。

　一方，米国出版業界の現状として，書籍返品コストによる経営圧迫があり，過去の出版物の在庫増も負担となっている。そこに加えて，Amazon やバーンズ＆ノーブルなど大手書店による書籍流通の寡占化が脅威となってきている。日本と異なり米国には大手の取次がなく，版元と書店の直接取引が多い。このため卸正味が個別交渉となり，いきおい多量部数を買い付ける大手書店が優位となっている。

　しかも，米国では再販制度がないこともあり，書籍の価格決定権が書店に握られつつある。そこで，電子書籍ならば取次や書店を飛び越して，出版社と読者を直接結ぶことが期待されるのである。

　このような背景があって，日本と米国で出版社の対応が大きく異なっている。日本での電子書籍は品切れの旧版が多かったが，米国出版社は積極的に新刊を提供している。ソニーリーダーでは，ニューヨークタイムズのベストセラーリストの 7 割をカバーしている。また，参加出版社のうち大手 6 社で，市場の 8 割を占有しているとのことである[9]。

7.3 電子新聞

7.3.1 新聞の電子化についての整理
(1) 電子新聞の議論はなぜ混乱しやすいか

電子新聞について論ずるとき，気をつけなければならないことは，その議論において，①媒体を紙から電子版に移行すること，②情報流通の双方向性をめざすこと，の2つの論点が混在した状態で議論される場合が多いことである。これら2つは本来別の命題であり，極力分離して議論すべきである。双方向性の実現は紙媒体では実現しにくいことなので，媒体の電子化を前提とせざるをえないが，逆に媒体の電子化は双方向性とセットで実現すべき必然性はない。これら2つの命題を分離しないまま議論しようとすると，論点は発散しやすく，見解をまとめることが難しくなる。すなわち，情報流通の双方向性は，読者からの意見吸い上げや市民記者による情報収集など，新聞の役割のあるべき姿についての命題であり，媒体の電子化とは別の価値観に基づいて判断されるべきことである。媒体の電子化は資源やコスト面などから切実度・緊急度が高いのに対し，情報流通の双方向性確保はさほど切実・緊急には必要とされてはいない。このように両命題の切実度・緊急度が大きく異なることも，両者が分離して議論すべき命題と考えられるゆえんである。

以上の点に関して，ここで改めて整理をしてみよう。新聞の電子化に関連して議論すべき課題として次の2つのテーマが存在する。
- 新聞をどのような媒体で読むか（紙か，電子媒体か）
- 新聞の内容を今後どうするか（現状どおりでよいか，変えるとしたらどう変えるのか）

本来は独立の課題である2つがおたがいに深い関係をもち，独立には議論しにくいところが，電子新聞の議論を難しくしており，議論は混乱しがちである。この2つの課題に対する回答の組合せは，表7.6のように整理することができる。

表7.6　新聞の内容と媒体の組合せ

媒体＼内容	現状どおり（画一内容大量流布）	新規内容（多様化）
紙	①現在の新聞	——（紙では困難）
電子表示媒体	②電子配信新聞	③新概念の新聞

　表7.6は電子新聞の形として，単に紙の宅配から電子配信に移行した電子配信新聞（②）と，電子化により初めて可能になる双方向性やオーダーメイド紙面を取り入れた新概念の新聞（③）の2つの解がありうることを示している。また，「紙」媒体と「新規内容」の組合せが空欄となっていることは，重要な示唆である。前述のとおり新聞の内容の問題と，媒体の問題は本来別の課題であるが，紙面内容の変更は，紙媒体では可能範囲がきわめて限定される。たとえば，読者との双方向性やオーダーメイド紙面などは，電子媒体を前提としなければ実現困難である。すなわち，新聞の内容の変更を議論する際に，表示媒体が何であるかは決定的な前提条件となる。また，すばらしい新規内容の新聞ができたとして，それを掲載する電子媒体が，読みにくいあるいは使いにくいものであれば，普及は望めない。ここで，現状でパソコンにセットされているディスプレイに対する種々の不満について思い起こしてみると，より満足度の高い電子表示媒体がないと，紙面内容にかかわらず，多くの人に支持されるメディアにはなれそうにないと思われる。少なくとも紙新聞に代わって主役になることは難しそうに感じられる。

　このように，新聞の内容の議論をするうえでは，その前提として媒体についての議論が必須である。ところが，新聞の電子化についての議論は，ともすればパソコンに付随した現状のディスプレイで読むことを前提としたものになりがちである。その場合，現状のディスプレイで読むことを許容できない者にとっては，内容の議論には進めないことになる。紙媒体と同等に読みやすい電子媒体の存在を前提にすれば，電子新聞の議論のネックのひとつは解消するので，そこに新聞に対する電子ペーパーの意義が存在する。もともと電子ペーパーのねらいは，「情報の電子化はしたいが，現状の不満の多いディスプレイですべて読むのはいかがなものか」という切実な動機に基づくものである。じつ

はこのような動機は，電子新聞以外に電子書籍，電子書類などの分野においても背景として共通するものである．

(2) パソコン新聞と電子ペーパー新聞の違い

電子新聞の議論のなかで，整理が必要なもう1つの点は，電子ペーパー新聞とパソコン新聞との関係である．現在，すでに各新聞社の提供するウェブサイトで各新聞の主要記事を読むことができる．また，新聞社以外のいろいろなサイトでも，同様の記事を読むことができる．すなわち，紙でなく電子媒体で読む新聞は，すでに利用可能な状態で実在するともいえる．このような電子新聞と電子ペーパーがめざす，新聞の性格や役割がどう異なるのかについて，ここで整理をしておこう．

表7.7は，紙媒体での現状の新聞も含め，今後の新聞のありうる形態による性格や役割の違い，および利用動向予測を整理したものである．電子新聞は，新聞社の無料ウェブサイトを読む形態を含めパソコン上で読む「パソコン新聞」と，これとは大きく性格や役割の異なる「電子ペーパー新聞」に分類できる．電子ペーパー新聞は，パソコン新聞よりは現状の紙新聞に近い特質と想定読者層をもち，一見近そうに見えるパソコン新聞とは期待される役割が異なる．これら2つを混同して議論しないことが肝要である．

表7.7 3種類の新聞の比較

分類	比較項目	特質			動向
		利用場所の自由度	購読の容易性	双方向性への適合性	読者層の現状・動向
紙新聞	現状の新聞	○（混んだ電車では無理）	◎	×	長期減少傾向
電子新聞	電子ペーパー新聞	◎	○（購読端末の入手必要）	△	今後紙新聞の読者の多くを引き取るねらい
	パソコン新聞	×	×（パソコンとネットの知識が大前提）	◎	紙新聞の読者とは異なる現状

少なくとも日本では，現在の宅配愛好者が，早々に現状のパソコン新聞に全面移行するとは考えにくい。食卓や電車の中で読む新聞と，パソコンで読む新聞が競合していないことは，少なくとも読む場所がまったく異なることから自明である。また，すでにパソコン新聞のみで済ませている人は，将来とも紙新聞に回帰するとは考えにくく，紙新聞の潜在ユーザーとしては期待薄である。

　食卓や電車の中で読むことを習慣とする紙新聞の読者が，パソコン新聞には流れないであろうという予測の一方で，食卓や電車の中で読める電子新聞が，たとえば今の半額以下で提供された場合，急速にその電子新聞に移行するという事態は想定される。電子ペーパーの技術を用いて実現をめざすのは，そのような食卓や電車の中で読める電子新聞であり，現在のパソコン新聞とは想定される活躍の場，想定読者層が異なる。

　パソコン新聞の最大の問題点は，パソコンを扱える人にしか読めないことである。これは，紙の新聞やテレビが，子供から高齢者まで購読・視聴可能な状況と著しく異なる点である。この点を考えるとき，現在の紙の新聞を，全面的にパソコン新聞に置き換えるわけにはいかないことが容易にわかる。誰でも扱えるテレビのほうに，新聞情報を送るテレビ新聞という答えも考えられるが，その場合，今のテレビがおもに屋内視聴に限られることを考えると，好きなときにどこでも読める今の新聞のよさを維持できないという問題点にぶつかる。これに関しては，じつはパソコン新聞も，パソコンを置ける場所でしか読めないという点で問題点を共有する。

(3) 電子ペーパー新聞のめざす目標

　前述したとおり，電子ペーパーが新聞のためにめざす目標は，紙の新聞並みに読みやすく，電子機器でありながらテレビ並みに誰にでも扱え，しかもテレビとは異なり薄い週刊誌を持ち歩く程度にどこへでも気楽に持って歩けることである。電子ペーパー技術の用途は新聞のみではないが，このような目標は，書籍などの他の用途に対しても共通の技術目標となっている。このような目標を実現できたとき，電子ペーパー新聞は，現在の紙の新聞に対し代替が可能になると思われる。この代替は，単に紙資源の節約やコストダウンというやや消極的なメリットにとどまらず，紙面容量の物理的制約を受けないことによるさらに詳しい記事提供・購読を可能にすることや，日付を遡ることも含めた記事

の検索性のよさなど，情報提供媒体として紙の新聞よりも本質的に優れるメリットをもたらすと期待される。

7.3.2 電子新聞の経緯と動向
(1) 膨大な新聞の印刷・運送コスト

新聞の発行には大きなコストがかかる。取材や印刷にかかわる経費，刷り上がった新聞の運送経費，運ばれた新聞を販売する経費などである。ヨーロッパでは，この印刷と運送が全体の経費の4割から7割を占めているといわれる。欧米の新聞の大半がキオスクなどの店頭販売だが，日本では全国各地に張り巡らされた販売網が各家庭に宅配している。このため，日本の新聞制作の経費は世界的にも高くなっている。

新聞が電子化に向かう理由は，この印刷と輸送の経費を大幅に削減できるからである。フランスの消費税は19.6％だが，仏政府の「さまざまな考えを提供する新聞は健全な世論の育成に不可欠で，民主主義の維持に必要」との考えから，新聞の消費税は2.1％と優遇されている。重要な生活必需品ですら5.5％であることからも，いかに新聞が保護されているかがわかる。仏政府が保護すべき新聞と認めている約900紙のなかには，政党機関紙や同好会の定期刊行物なども含まれている。仏政府の新聞の定義は，ポルノ写真などが掲載されていないこと，定期的に発行されていること，発行数の半分以上が有料であること，特定の商品やサービスなどの宣伝に使われていないこと，などである。なお，同じ紙のメディアでも，雑誌の消費税は5.5％である。

ところが1990年代半ば，コストの一部が不要なパソコン新聞が登場した。仏政府は「パソコン新聞には印刷・運送が不要で，政府が財政的に援助する必要はない」という見解から，電子新聞の消費税は一般消費財と同じ19.6％とした。新聞社からは「紙新聞の2.1％とまではいわないが，せめて雑誌並みの5.5％にしてほしい」という要望があるらしいが，当局は「インターネットで見られる新聞というが，その辺のブログとどう違うのか」と反論している。新聞社が「ブログとは記事のレベルも内容も違う」といっても，あまり説得力がない。紙に印刷して配るから新聞，というわけだ。そんな逆風にもかかわらず，ヨーロッパの新聞は電子新聞への道を懸命に手探りしているのが現状である。

(2) 加速する速報化

いまや携帯電話は，国民1人に1台または2台の時代である。政治，経済，事件，事故，スポーツの動きがリアルタイムでわかる時代に，半日遅れの紙新聞には速報性は期待できない。ところが，電子新聞にはそんな欠点をなくすどころか，放送時間が決まっているテレビやラジオよりも優れた速報性をもつことができる。新聞の電子化へのもう1つの理由が，この速報性である。深夜までもつれ込んだ国会審議やプロ野球，海外で開かれるスポーツの国際大会など，紙新聞を悩ませてきた問題が一気に解決する。

新聞がテレビ並みの速報性をもつことは大きなメリットだが，人々が競って紙新聞をやめて電子新聞に流れるかというと，そういった動きはまだ世界的にも見受けられない。速報性が必要なニュースはテレビやラジオで入手できるから，いまさら新聞が速報性を備えても人々が新聞に殺到することはなさそうである。テレビやラジオで詳しくわからないニュースも，ウェブ上のニュースサイトや政府の発表資料，企業・団体のニュースリリース，個人のブログなどでわかるからである。

(3) ますます重要な資源保護

電子化への3つめの理由が，資源・環境問題である。世界の森林資源がどんどん失われているなか，紙の大量消費を削減することはいまや人類の義務となっている。かつて小売店は，魚や野菜，惣菜を買うと古新聞で包んでくれた。引越しや壊れ物を郵送するときのクッション材も，古新聞だった。家庭の古新聞を買い上げてくれる業者もあった。そんなのどかなリサイクルシステムがなくなり，家庭の古新聞はいまや主婦にとって単なるじゃまものである。

日本の紙・パルプの生産量は世界第3位で，古紙の利用率では世界一である。しかし，約半分はそのまま捨てられているのが現状である。中国はもっと深刻である。経済成長著しい中国の人口は13億人で，現在1人あたりの紙の使用量は先進国平均の約5分の1と，子供たちの教科書にも困る慢性的な紙不足である。一方，中国の紙・パルプの生産量は年間5600万tと，すでに米国に次いで世界第2位，世界の総生産の15%を占めている。中国がこのまま経済成長を続け，国民が豊かになれば，いずれ1人あたりの紙の消費量は先進国並みとなり，世界の森林が危機的な状況を迎えることになる。このため，中国

は教科書や新聞，図書などの電子化に熱心なのである．

(4) 消滅するFAX新聞

FAXで送られてくる新聞がある．海外でホテルに泊まったり，長い船旅をしたりすると，いまだに活用されていることがわかる．

1946年創刊の東京の地方紙「東京タイムズ」は，1992年に業績不振で休刊した．このとき，紙新聞をFAX新聞に代えて新聞発行を継続しようと試みたが，読者数が伸びずうまくいかなかった．紙新聞が自由に手に入る都市では，FAX新聞の存在意義が見い出せなかったのである．しかし，共同通信が遠洋船舶向けに発行しているFAX新聞「共同ニュース」は無線で送信され，いまでも洋上の船員たちに貴重な情報を送っている．

FAX新聞は電話代がかかるうえに，印刷にも時間がかかり，紙面が荒くて読みにくく，情報量も少ないなど，ブロードバンド時代に生き残ることは難しいだろう．しかし，何回も印刷できるリライタブルペーパーと高速プリンタを使って，紙面イメージをブロードバンドで配信し現地で高速印刷するサービスなら，可能性があるかもしれない．

(5) 試行錯誤のパソコン新聞

パソコン新聞は，インターネット網の充実とともに，米国，ヨーロッパ，日本など世界各地で広がっている．とくに中国や韓国では，新興メディアが活発に発行し，国の世論形成や政治動向などに大きな影響力をもっている．背景には，既存のメディアや政府発表に対する国民の不満や不信がある．ただ，欧米にしても，中国・韓国にしても，日本にしても，その多くはインターネットで新聞社のホームページから無料で読むタイプが多く，有料で読む電子新聞は会員数も少なく，紙新聞にとって代わるほど広がってはいない．

新聞のおもな収入が広告料では，広告主の意向が新聞の論調に影響を及ぼしかねず，その言論が国民の信頼を勝ちうることは難しいだろう．新聞が言論の公器たりえるためには，公正中立の証として有料であることが必要である．このため，世界の新聞社は電子新聞の有料化をめざしているが，なかなか難しいのが現状である．

フランスの高級日刊経済紙「Les Echos」（レゼコー）が，パソコン新聞を発刊したのは1996年である．紙新聞の年間購読料が416ユーロに対して，パソ

コン版は365ユーロである．紙新聞の情報に加えて，過去16年間の過去記事などデータベース機能もあり，同社は「購読者数も年々増えて順調」と言っている．また，「経済新聞とスポーツ紙は有料の電子新聞が可能だが，一般紙では難しい」とも考えているようである．

米国では紙新聞の発行部数が減少し，記者のリストラがあり，電子新聞への動きも活発である．「ニューヨークタイムズ」は，ウェブでニュースを閲覧できる従来型のニュースサイトに加え，2007年3月，紙面のイメージそのままに有料で閲覧できる電子版を開始した．ブラウザを使って紙面の検索や過去記事の検索もでき，PDAなどにダウンロードして通勤電車や飛行機の中で読むこともできる．1週間試読でき，料金は年間169ドルまたは月極14.99ドルである．

日本でも，多くの新聞社がホームページでニュースを無料で提供している．一方，有料の電子新聞もいくつかあり，過去記事検索や全国の地方版を読めるなどの機能もある．朝日新聞の「アサヒ・コム・パーフェクト」，毎日新聞の「毎日デイリークリック・プラス」などである．産経新聞は2005年10月，月額315円で朝刊最終版を紙面イメージで閲覧できる「産経NetView」をスタートさせて話題になった．しかし，いずれの試みも大成功とはいいがたい状況である．

(6) 期待される電子ペーパー新聞

FAX新聞から，パソコン通信新聞，パソコン新聞などさまざまな試みがなされているが，どれも決定打とはいえない．そこで期待されるのが，電子ペーパー新聞である．電子ペーパー新聞は，パソコン新聞に比べて有利な点がいくつかあり，最大の利点は，紙のように反射光で読むので眼に優しく読みやすいことである．また，電力消費が少ないのでバッテリーが小さくてすみ，持ち運びが楽なことである．

現在，カラー表示ができない，書き込みができない，書き換え速度が遅い，画面が小さい，動画が表示できない，などの声がある．しかし，そのような声にいちいち応えていたら，電子ペーパーのメリットは失われてしまう．省エネで見やすいという電子ペーパーの特性を最大限に活かした製品開発が必要と考える．

(7) ヨーロッパの電子ペーパー新聞

電子ペーパー新聞発行で先陣を切ったのは，フランスの日刊高級経済紙レゼコーである。2006 年 3 月に，ソニーの日本語仕様のリブリエに独自開発したシステムを載せた試作品を発表し，世界を驚かせた。そして，2007 年 9 月，iRex 社の iLiad（イリアッド）と中国製の STAReBOOK（スターイーブック）の 2 種類の端末を採用し，本格販売を開始した。iLiad は無線 LAN につないでボタンを押すだけでダウンロードでき，パソコンなしで読むことができる。一方，STAReBOOK は無線 LAN が内蔵されておらず，SD カードでデータを読み込む方式である。iLiad は 15.5×21.6 cm，フラッシュメモリ 128 MB 内蔵，390 g で，STAReBOOK は 11.8×18.8 cm，フラッシュメモリ 64 MB 内蔵，176 g と，iLiad がひとまわり大きい設計である。ファイル形式は iLiad の PDF に対して，STAReBOOK は独自フォーマットである。iLiad では，USB メモリ，CF カード，MMC，ステレオオーディオヘッドセットの装着も可能である。

レゼコーは，だいたい 40〜50 ページの新聞で，これが電子ペーパー版になると，600〜800 ページに膨れ上がる。ディスプレイが 8 インチのため，新聞紙のように記事を詰め込めないからである。1 日の同紙の記事のデータ量は 3 MB 程度である。レゼコーのトップページ（図 7.2）には各分野のトップ記事のリードが掲載され，そこにスタイラスでタッチすると該当記事に飛ぶように

図 7.2　レゼコーのトップページ

なっている。2ページ目は，国内，国際，航空・防衛，自動車，エネルギー，流通，財政，ハイテク，商業，健康などのアイコンが表示され，アイコンをタッチすると，そのカテゴリーの記事一覧に飛ぶ。再度そこをタッチして，お目当ての記事（図7.3）となる。また，アルファベット別のインデックスもある。

図7.3 レゼコーの一般記事

記事は毎朝6時に書き換えられ，その後，随時更新される。購読者の地域別に代理店があり，代理店が地域に応じて広告を集めて配信する。レゼコーの記事のほかに，AFP（フランス通信）の一般記事も掲載され，社会，娯楽，スポーツなどの記事や写真も読むことができる。これもデータ量としては3MB程度である。週末にはレストランガイドのような電子本がおまけとして配布される。

iLiadには双方向性がなく，パソコン版レゼコーでできた過去記事検索はできない。1年間の購読料は，iLiadの場合は端末込みで769ユーロで，端末なしの価格が365ユーロである。差額の404ユーロが端末代である。iLiad単独の定価が550ユーロなので，その差額はレゼコーが負担する。なお，STAReBOOKの最初の年間購読は649ユーロである。

ヨーロッパでは，世界新聞技術協会（Ifra）が中心となって電子新聞の実用

化に向けた実験「eNews プロジェクト」を行い，電子ペーパー端末としてiLiad を採用した。オランダの iRex のハンス・ブロンス社長は「世界の新聞業界は同じ困難を抱え，iLiad がそのひとつの解決策になると願っている。E Ink は消費電力が少なく紙に近い読みやすさがあるが，動画に適していない，モノクロしかないことが欠点。iLiad を採用した理由は2つあり，LCD のリーダーでは人々が読む気がしないことと，モバイル環境の読書を考えると読書端末はパソコンの奴隷ではないということだ。われわれはハードウェアを売るだけでなく，読者に媒体を届けるところまでを行う。モバイルで課金できる。若くて新しい読者を獲得できる」と語っている。

ハンス社長によると，iLiad を使って 2006 年，ベルギー，フランス，イタリア，スウェーデン，中国，米国の新聞社が，電子ペーパー新聞の実用化実験に着手した。オランダでは「NRC Handelsblad」紙（35 万部）が年間 250 ユーロという紙新聞と同じ価格で販売し，iLiad を 300 ユーロで付属販売した。オランダではほかに「de Volkskrant」紙が，またイタリアでも「L'Espresso」紙が実験に参加している。

ベルギーの「De Tijd」紙は 2006 年，200 人を対象に実験を行った。読者からは読みにくいと不評だったそうだが，3 カ月間の実験で，7 割から「これからも継続したい」と回答があった。ただし，この実験の参加は無料だったため，もし有料だったらどうなったかはわからない。

(8) 中国の電子ペーパー新聞

中国の電子書籍出版事情に詳しい，精華大学新聞伝播学院の崔保國教授は「中国のデジタル技術はまだ初期段階で，電子出版の方向性も定まっていない。電子出版関係でさまざまな試みがあるが，電子端末が高価でうまくいっていない。端末は無料で配らざるをえない。独自仕様で汎用性がなかったことや，違法コピーが多いことが課題」と中国の電子ペーパー事情を指摘している。2006年の調査では，中国のコンピュータ保有台数は，北京や上海などの都市部を中心に 5940 万台で，ユーザー数は 1.2 億人である。人口 13 億に対する数字としてはまだ小さく，インフラの充実が急がれている。

電子教科書も試みられており，2003 年 4 月，9 省市の 10 校で，実験的に電子ペーパーの教科書を使った授業が行われた。コレステリック液晶の電子教科

書「入教電書」の重さは308 gで，単三電池2本で4カ月使用できる。フラッシュメモリを内蔵し，1500ページの表示が可能である。8 MBで1学期の全教科書が収納できるらしい。1人に1台が配布され，授業，予習，復習に使われたが，2004年末に実験は中止された。

iLiadを使った電子ペーパー新聞も次々と発行されている。2006年4月に解放日報が，2006年10月には地方紙の「宁波日報」と「煙台日報」が，iLiadの電子ペーパー新聞を発行した。上海でも，2007年末に外国人向けの電子ペーパーの英字新聞「Shanghai eDaily」（シャンハイイーデイリー）が発行された。これは，スマートフォンやPSPなどにダウンロードしても読むことができる。

(9) 米国の電子ペーパー新聞

米国は，ITインフラの充実，新聞宅配には広すぎる国土，新しい物好きの国民性などを背景に，電子出版活動は活発である。しかし，市場規模はまだ小さい。電子書籍についてはすでに7.2節で述べたが，電子新聞についてはAmazon Kindleで，ニューヨークタイムズやウォールストリートジャーナル，ワシントンポストなどの米国の新聞から，タイム，フォーチュン，フォーブスなどの雑誌，ルモンド，フランクフルターアルゲマイネ，ザアイリッシュタイムズなど米国外の新聞を購入できる。これらの電子新聞の月極料金はニューヨークタイムズが13.99ドルで，ウォールストリートジャーナルとワシントンポストは9.99ドル，2週間試読できる新聞や第1章が試読ができる雑誌などもある。

(10) 日本の電子ペーパー新聞

宅配の伝統が長い「新聞王国ニッポン」では，電子ペーパー新聞の動きはいまひとつである。日本列島の津々浦々に販売店網を張り巡らせた紙新聞にとって，大きな脅威と思われていることもある。国民の宅配への愛着も強く，宅配しているわりには安いということもある。

2005年の愛知万博「地球博」の会場で，凸版印刷が縦2.18 m，横2.6 mのE Inkの電子ペーパー製大型壁新聞を展示した。それを使って読売新聞が会場内のニュースを報道し，電子ペーパー新聞の到来を来場者に予感させた。

2007年10月，横浜市の日本大通りでは，次世代高速無線通信「WiMAX」

を使った電子ペーパー新聞の実証実験が行われた．情報通信サービスのアッカ・ネットワークスとiLiadの日本での販売・技術支援を行っているイースト，地元紙の神奈川新聞が協力して，5日間実施した．毎日，6〜7ページのPDFデータをiLiadの画面に合わせて制作（図7.4）したのだが，神奈川新聞の担当者は「ウェブ的なセンスで記事を判断するチームや雑誌的な記者能力が必要だった」と，紙新聞との違いを語っていた．

いずれの試みもまったくの実験レベルで，日本では電子ペーパー新聞発行に向けた積極的な動きはまだみられていない．

図7.4 実験的にiLiadに表示された神奈川新聞の記事

(11) 有料の電子新聞が普及しない理由

電子新聞が本格化しないのは，多くの人がディスプレイで長時間読書する気になれないことがひとつの要因である．パソコンやPDA，携帯電話などのLCDではなく，眼に優しい電子ペーパーでも抵抗感があるようである．読者はまだ，小さな箱のようなもので読書をする習慣に慣れていないのだろう．もちろん，飛行機や車の中など，特殊な状況下での利用なら受け入れられるだろう．つまり方向としては，電子端末で読書をするという新しい習慣を創造するか，古い習慣に馴染む形の端末を開発するか，のどちらかである．

広まらない2つめの理由は，だれもが「ネット情報は無料」と思っていることである．読者にお金を払ってもらうためには，だれも知らない特ダネか，ニ

ュースをより深く理解できる解説記事，読者が心から共感できる記事でなくてはならない。さまざまな1次情報にあふれた幕の内弁当の新聞から，各テーマについてたっぷり読ませる料亭料理へと変身することが必要との指摘もある。

3つめの理由として，新聞社サイドがどうしたらいいのか判断しかねているということがある。電子新聞が黒字運営できるビジネスモデルがまだ確立していないことと，これまでの紙新聞購読層への悪影響が心配されること，新しいデジタル新聞読者に対して十分対応できる記事内容が提供できるかわからないこと，などが新聞社の本格参入を妨げていると考えられている。

7.4 オフィス・産業用途

7.4.1 オフィスや産業用途などにおける文書の現状と課題
(1) オフィス文書の現状と課題
最近のオフィスにおける情報用紙のプリント枚数は，図7.5のように情報のIT化に比例して増大している。さらに，オフィスの作業を分析すると，PCで作成した文書の出力ページは，平均14.5ページで（図7.6），文書完成までに平均2回チェックをしている（図7.7）[10]。すなわち，深く読み，考えるときはやはり紙ということで，テンポラリープリント，一瞥プリントなど，用済みですぐ廃棄する紙が増大している。

この事実は，デジタル情報のインタフェースとしてディスプレイだけでは十

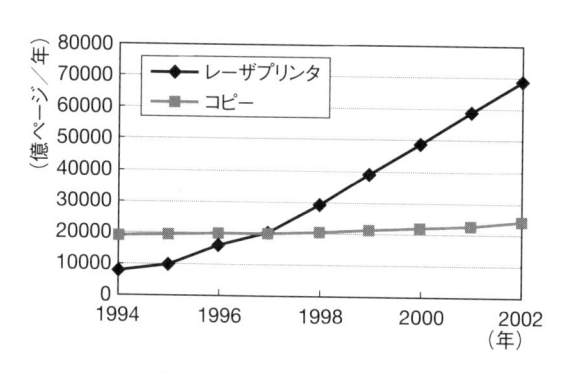

図7.5　情報用紙使用量推移

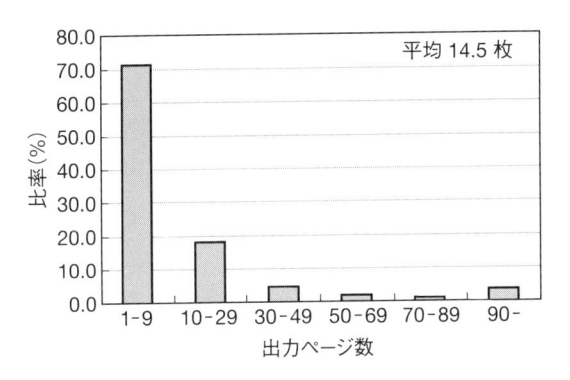

図7.6　PCで作成した文書の出力ページ数

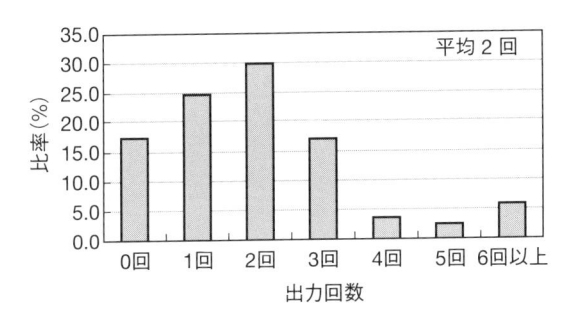

図7.7　文書完成までのチェック回数

分でなく，まだまだ紙を使って作業をしていることを示している．とくに思考を伴う情報処理に対して，多くの人は無意識のうちに紙にプリントしている．

　人はなぜ紙にプリントするのか？　ハードコピーには現状のディスプレイにはない見やすさ，扱いやすさがある．それ以上に，紙は多くの情報を並べて見られる一覧性と，考えたことをすぐに書き込める加筆性をもち，人の思考活動のなかで重要な役割をはたしていることがその理由と考えられる．しかし，ハードコピーは紙にプリントされた時点でデジタル情報と切り離されてしまうという問題点をもっている．そのため，思考はハードコピーを中心に行い，作業はディスプレイ上で行うというのが，今の知的生産活動の姿である．だが，ここではデジタル情報と紙上の情報が混在し，それらのあいだに双方向性がないという問題が残る．

一方で，このような紙廃棄の増大は，環境負荷を与え，CO_2排出に対する将来規制への不安と紙使用時の精神的罪悪感を生む。

その対策として，最近，オフィスにはプリントやコピー時に，両面使用，裏面使用，集約プリント（多数ページプリント）することが多くなり，また紙のリサイクルなどがなされているが，不十分である。

(2) 産業用途における文書の現状と課題

産業用途としては，工場の生産工程や物流・流通場面で，発注，検品，加工指示書などが作成され，その印刷が膨大な量になっている。カンバン方式などの指示書では，レーザプリンタによる普通紙やサーマルプリンタによるサーマル紙のプリント枚数が増大している。次いで，帳票作成や人為的入力ミスが発生することから，RF-IDタグ化が進んできたが，そのデジタル情報が見えず，可視化が顧客からの強い要望になっている。

すなわち，帳票廃棄レス化，入力工数レス化，デジタル情報の可視化が課題となっている。

7.4.2　リライタブル方式の適用事例

(1) オフィス用途

前項のオフィスでの問題の背景から，たとえばリコーでは，思考と作業を同じ媒体上でできることが知的生産活動の効率化のために重要であると考えている。この媒体には，文書情報を次々に更新できるリライタブル機能とデジタル情報との双方向性という2つの要素が求められる。しかも，それは紙と同じ扱いやすさ，一覧性，加筆性を備えなければならない。そこで，この新しいインタフェースを実現する第一歩として，第一の要素となる「リライタブルペーパー」，および，この新メディアを前提とするシステム開発がなされ，リライタブルペーパーを実現する技術と試作したシステムを紹介する[10]。

リライタブルペーパー媒体そのものに関しては，4章4.1節に記載されているので，そちらを参照されたい。

本リライタブルプロセスを用いたプリント装置のプロトタイプを図7.8に示す。本体形状はデスクトップ型，本体サイズは350(W)×245(D)×200(H)mm（トレイ含まず）で，トレイの給紙容量は10枚となっている。プリントスピー

ドは約3 ppm，印字密度は300 dpi である。

たとえば，このシステムを自分が使用しているデスクトップ上のPCの横に置く。紙ゴミを気にすることなくリライタブルペーパーに何度もプリントすることができるので，そのたびごとにプリントした文書を机の上に並べて文書全体を比較したり，PCから離れたところで文書を見直したりすることができる。ひき続き文書を作成する場合には，すでにプリントしたページを見ながら次のページを作成することができる。完成した文書はデジタルデータとして保存されているため，作成途中のハードコピーは不要になり，リライタブルペーパーならばカセットに戻すだけで何度も再利用できる。つまり，自分のデスクトップ上でリサイクルが実現できる。

このように紙の供給や廃棄の手間なしに効率的な文書作成が可能になり，今までの業務効率を保持しながら，環境負荷を気にすることなく，必要な情報をどんどんプリントすることができる。また，結果的に普通紙の消費量を抑制することができるため，経費を削減する効果が期待できる。また，ディスプレイでの確認に比べて長年使い慣れた紙ライクなメディアを使用するために，文書校正の精度やスピードが上がる，レイアウトの確認が容易になる，メールなどの確認がしやすくなる，などのメリットも期待できる。

さらに，図7.9のように，加筆とその消去も考案されている。

図7.8　リライタブルプリンタ　　図7.9　リライタブルプリンタ取り扱い状況

本システムの実現にはまだ多くの課題があるが，リライタブルペーパーやデジタル世界との双方向性などの要素となる技術がやっと見えてきたところである．今後も，究極的なリライタブルペーパーシステムを達成するべく検討が行われていくであろう．

(2) 産業用途

　前項の産業用途の問題点の背景から開発され商品化された例として，リコーの，リライタブルICタグシート（RECO-View，レコビュー）の適用事例を紹介する．RECO-Viewとは，Rewritable, Recyclable, Reusable, ECOlogy, ECOnomyを表し，それらをView-able（可視化）させることを意味した，リコーのサーマルリライタブル商品群の統一ブランドである．

　そのコンセプトは，図7.10に表示されるように，非接触ICの特長とリライタブル表示の特長をハイブリッド化させるプロセスを通じて，「デジタル情報の可視化」を最終目標としている．

　昨今，製造業，物流業・倉庫業，医療分野などの工程管理や工程指示，在庫管理，業務管理など，さまざまな分野においてRFIDタグの運用が注目されている．非接触，一括処理，リアルタイム管理による業務効率化が大きなメリッ

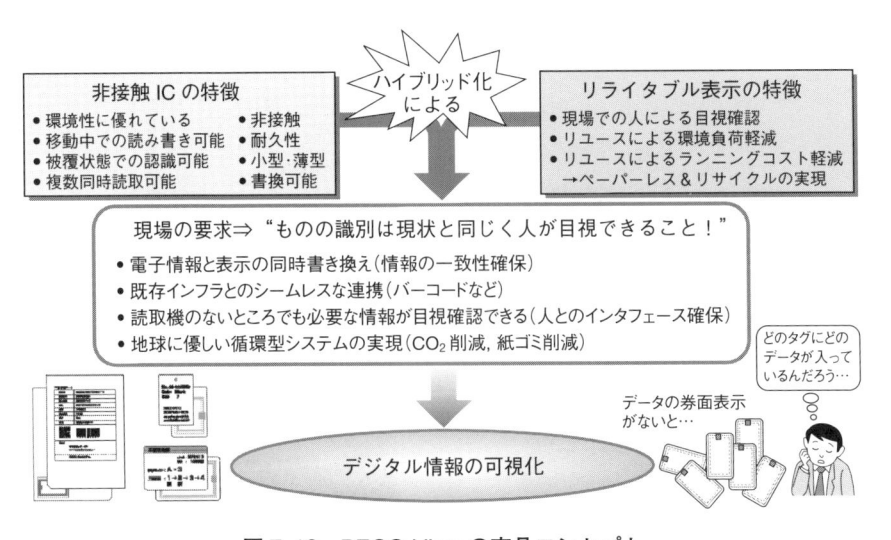

図7.10　RECO-Viewの商品コンセプト

トだが，ICタグ自身には表示機能がないため，現場の作業者が目視でチェックする必要がある情報については，紙を併用するか，ディスプレイで表示する必要が出てくる。しかしながら，紙の場合には出力して貼付するなど新たな作業が発生し，またICタグとの照合作業時に人為的ミスが発生する可能性がある。さらに，ICタグはくり返し使用が可能なのに対して，紙は使用後廃棄せざるをえないため，紙廃棄にかかるコスト面・環境面での負担も大きい。一方，ディスプレイの場合には設置場所が限定されるなど，現場での作業に制限が生じる。そこで，これらの問題を同時に解決し，かつ従来以下のランニングコストを実現すべく，リコーでは，ICタグとリライタブルシート（最大A4サイズ）を一体化したRECO-Viewが開発された。

システムのフローを図7.11に，そのタグシートを図7.12に示す。

RECO-Viewの主要な特長は，次のとおりである。

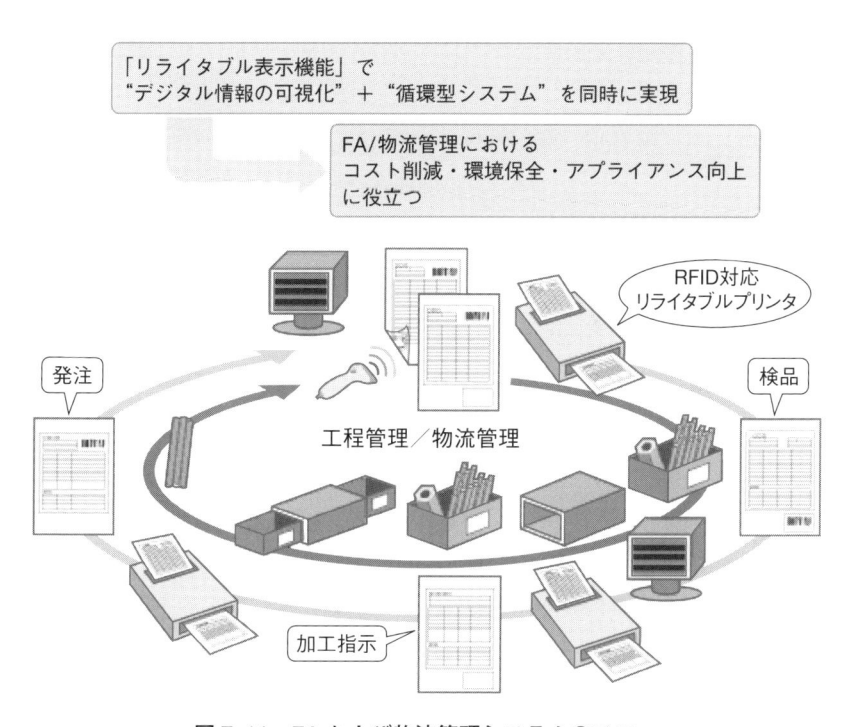

図7.11 FAおよび物流管理システムのフロー

7.4 オフィス・産業用途

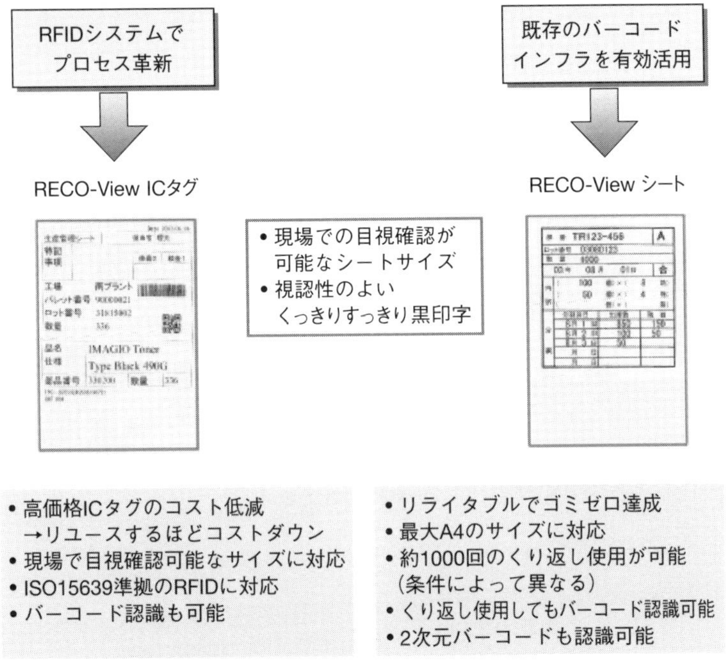

```
┌─────────────┐              ┌─────────────┐
│ RFIDシステムで │              │ 既存のバーコード │
│ プロセス革新   │              │ インフラを有効活用│
└──────┬──────┘              └──────┬──────┘
       ▼                             ▼
```

RECO-View ICタグ   RECO-View シート

[タグ画像]   ・現場での目視確認が   [シート画像]
              可能なシートサイズ
             ・視認性のよい
              くっきりすっきり黒印字

- 高価格ICタグのコスト低減   ・リライタブルでゴミゼロ達成
  →リユースするほどコストダウン   ・最大A4のサイズに対応
- 現場で目視確認可能なサイズに対応   ・約1000回のくり返し使用が可能
- ISO15639準拠のRFIDに対応   （条件によって異なる）
- バーコード認識も可能   ・くり返し使用してもバーコード認識可能
                                        ・2次元バーコードも認識可能

図 7.12　RECO-View の IC タグおよびシート

- コントラストの高い白黒表示：工程管理／工程指示など，作業者の目視確認が必要な現場に適した黒色発色で，離れた所からでも容易に目視確認でき，バーコード情報の読み込みも可能。
- 高感度による高速プリント，高耐久性：リライタブルシートの高感度化の実現で，線速 50〜80 ミリ秒の印字消去速度に対応。1000 回の印字と消去のくり返し使用後でも，画像濃度と消去機能の劣化がほとんどない。

また，その効果は次のとおりである。

- IC タグと情報表示の相乗効果で人為ミスを削減：IC タグのデジタル情報とシート上の表示内容が正確に一致しているため，作業指示書など目で見て行う作業の人為的ミスを防止。また可視化により，IC タグが万が一故障したときのリスク回避もできる。
- リユースで用紙のランニングコスト削減：IC タグ，シートともにくり返

し使用できるため，リユースすればするほどランニングコストが削減できる。たとえば 1000 回のリユースなら，タグシート 1 回あたりのプリントコストは 1000 分の 1 となる。
- リユースで環境負荷を削減：リユースにより紙ゴミの排出を抑制。従来の紙の使用に比べて CO_2 の排出量を大幅に削減できる。リコー独自のサーマル技術でインクやトナーも不要。

RECO-View を運用することで，従来のレーザプリンタを使用した紙での運用と比較すると，1000 回プリント使用したときの CO_2 排出量を約 7 kg から 1 kg へと約 85％削減できる（図 7.13）。

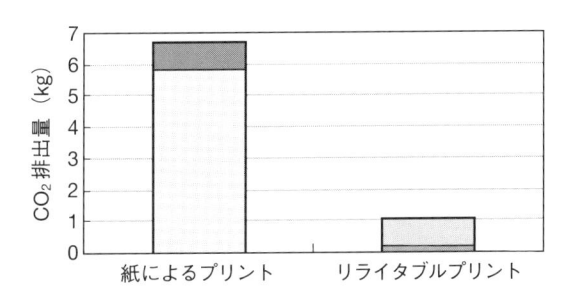

対象範囲
メディア：材料および製造工程
プリンタ：リライタブルプリンタの使用電力から算出
　　　　　レーザプリンタの使用電力およびトナーから算出

（リコー調べ）

図 7.13　CO_2 排出量比較（1000 回プリントした場合）

本システムが実際に使われている事例として，佐川急便導入事例，菱樹化工導入事例，生活協同組合連合導入事例など[11]があげられる。

7.4.3　今後の展望と課題

産業用途に関しては実用化されたものがいろいろと登場してきたが，質および量的にもハードルが高いオフィス市場では，まだほとんど使用されていないのが現状である。

日本画像学会第7部会（電子ペーパー部会）では，「電子ペーパーの将来像を考える」を部会課題に設定し，検討してきている。そのなかで，知的生産性が重視されるオフィス市場で使われれば電子ペーパーも本物といえるため，部会では2004年からオフィスで使われる電子ペーパーの要件を明らかにすることを目的に，オフィス用途向けの電子ペーパーに関して議論してきた。部会委員の意見をまとめ，その結果は報告されている[12]ので，その要点を記載する。

　オフィスでの使用シーンが議論され，その主要シーンは，自席，会議，商談，移動中の4つに分類された（図7.14）。

　自席では，電子ペーパーが表示している関連情報にアクセスし，より多くの

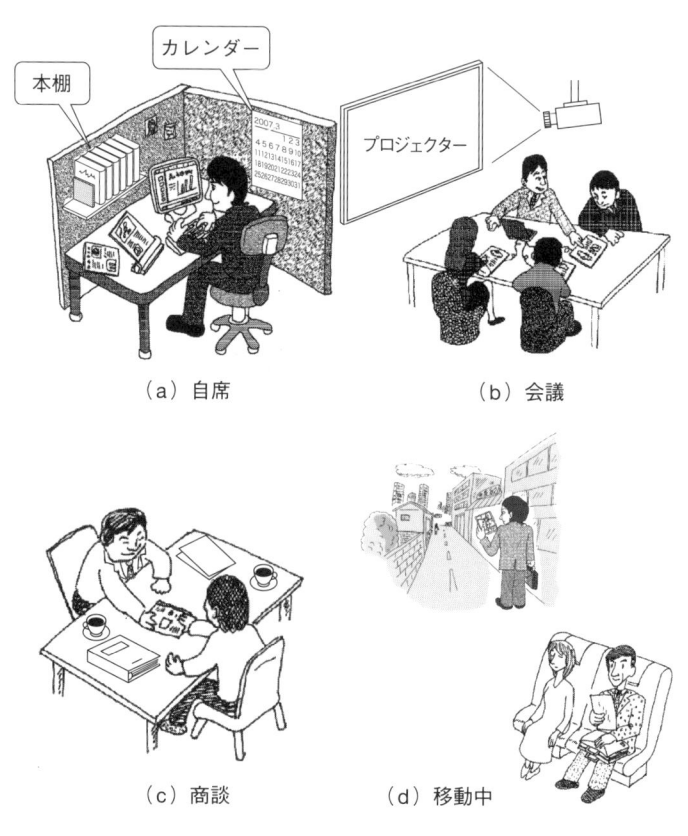

（a）自席　　　　　　　　（b）会議

（c）商談　　　　　　　　（d）移動中

図7.14　オフィスシーン

情報を取り出す。見たいデータを瞬時に打ち出して，複数枚並べて，情報・データを読みながら比較検討し，自由な姿勢で熟考する。電子ペーパーに手書きしながら考える。そのような情報世界とのシームレスな環境が創造性を発揮させる。

会議では，配布資料をプリントしていく代わりに，複数ページ内蔵した会議資料として配る。会議資料をあらかじめプリントする作業，および会議資料を回収して捨てる手間が省ける。メモがとれるともっとよい。さらに学会の場合には，複数ページ内蔵した学会予稿用の電子ペーパーを使うことで，主催者は予稿集をあらかじめ印刷する作業が省け，参加者は重い予稿集を持ち歩かなくてよい。また，電子ペーパーからプレゼンターもしくは参加者の電子情報にアクセスし，プロジェクタに転送して情報共有する。

商談では，カタログやスペック表，見積もりなどをプリントしていく代わりに，出先で顧客の電子ペーパーに電子配信して見てもらい，その電子ペーパーをいっしょに見ながらプレゼン，あるいは，顧客の電子ペーパーを遠隔操作しながらプレゼンをする。一方，ほしい資料を簡単に取り出せ提示できる。顧客の意見や要望を書いていき，簡単に見積書を再作成できる。

移動中では，多くの書類から読みたいものを取り出して読むことができる。電子ペーパーを手持ちで自由な姿勢でじっくり読むことで，理解が促進される。

オフィスの使用シーンで使われる電子ペーパーは，紙のような表示媒体を複数枚用いて閲覧するペーパータイプ[13]と，電子書籍のように1画面の表示媒体をページ送りして使うディスプレイタイプ[9]の2つに集約される。

ペーパータイプは基本スペックとして，A4サイズ・モノクロ・解像度200 dpi・価格が5000円以下，薄くて軽くメモリ性がある。また，書き込み装置がコンパクトで持ち運べる・カラー・情報を内蔵せず表示を消せる，といったスペックが付け加わると，さらに用途が広がる。

ディスプレイタイプは基本スペックとして，A4サイズ・モノクロ・解像度200 dpi・媒体コスト50000円程度，メモリを内蔵し，ページを送って読むことができる。また，通信機能・セキュリティ機構・低消費電力・カラー・動画・追記などが付け加わると，さらに用途が広がる。

オフィスシーンで使われる電子機器はどのようなものが想定されるか，それぞれのシーンごとに技術予測した（表7.8）。検討の結果，電子ペーパーはペーパータイプとディスプレイタイプの2タイプに分けられる。ペーパータイプは駆動ICやメモリなどが搭載されない電子ペーパー，ディスプレイタイプは駆動ICやメモリなどが搭載される電子ペーパーだと考えられる。

　1～2年後には，ペーパータイプはリライタブルペーパー，カラーが必要なディスプレイタイプではタブレットPC，モノクロディスプレイタイプは電子書籍タイプの電子ペーパーが想定される。5年後には，モノクロペーパータイプのA4電子ペーパーが5000円程度，モノクロディスプレイタイプの電子ペーパーがA4サイズ200 dpi，50000円程度だと予想する。10年後には，同様の値段でカラーの電子ペーパーが入手できるようになるだろう。電子ペーパーの理想は，ペーパータイプはフレキシブルでカラー化されることである。ディスプレイタイプは，薄くて軽くカラーも動画も可能になることが望ましい。

表7.8　使用シーン別技術予測

	自席	会議	商談	移動中
1～2年後はこのようなレベル	ペーパータイプ：モノクロ，A4，200 dpi，リライタブルペーパー，300円	ディスプレイタイプ：タブレットPC，200000円	ディスプレイタイプ：タブレットPC，200000円 ペーパータイプ：なし	ディスプレイタイプ：電子書籍，40000円
5年後にはこのようなレベル	ペーパータイプ：モノクロ，200 dpi，A4，電子ペーパー，5000円	ディスプレイタイプ：モノクロ，200 dpi，A4，電子ペーパー，50000円	ディスプレイタイプ：タブレットPC，200000円 ペーパータイプ：会議と同じ	ディスプレイタイプ：モノクロ，200 dpi，B5，電子ペーパー，40000円
10年後にはこのようなレベル	ペーパータイプ：カラー，200 dpi，A4，電子ペーパー，5000円	ディスプレイタイプ：カラー，200 dpi，A4，電子ペーパー，50000円	ディスプレイタイプ：会議と同じ ペーパータイプ：会議と同じ	ディスプレイタイプ：会議と同じ
理想はこのようなレベル	ペーパータイプ：カラー，200 dpi，A4，電子ペーパー，フレキシブル，1000円	ディスプレイタイプ：カラー，200 dpi，A4，電子ペーパー，薄い，軽い，動画，10000円	ディスプレイタイプ：会議と同じ ペーパータイプ：会議と同じ	ディスプレイタイプ：会議と同じ

電子ペーパーは，文字どおり電子情報を扱う紙であるから，薄く軽く，電子情報を何度でも書けて，読みやすいという基本性能のめざすところは同一である。シーンでの使い方が，紙のようであるかディスプレイのようであるかで，必要なタイプが分かれていく。ペーパータイプになると，低価格化が重要なキーとなろう。また一方で，電子ペーパー媒体は表示体にすぎず，それを活かしたシステムやソフトが使い勝手を決める。いずれにしても電子ペーパー市場にとって，表示媒体の開発者のみならず，システムやソフト開発者，著作権関係者などの参加による共同研究・開発が重要となろう。

7.5 広告・掲示用途

7.5.1 広告・掲示の現状と課題

電子ペーパー技術のもつ画像メモリ性は，広告・掲示などの紙印刷物をデジタル化するのに最適な新しい製品を生み出し，またそれを利用した新たなサービスやビジネスモデルを醸成できる可能性を秘めている。

中小型モノクロパネル応用製品市場では，電子ペーパー技術の高い視認性，低消費電力駆動の特長を活かし，電子値札・携帯電話・小型モバイル製品などで，反射型液晶の代替技術として利用が進み始めている。しかし一方で，広告・掲示など大型パネルを用いた電子ペーパー応用アプリケーション市場は，2007年現在活性化していない。そのおもな理由を以下に示す。

- 既存大型パネル製品市場では，透過・半透過型液晶パネル製品が主流で，反射型液晶パネルを搭載したアプリケーションがないため，代替技術としての電子ペーパー応用ニーズがほとんどない。
- 2007年現在，電子ペーパーパネル製造メーカーが保有する製造ラインでは，大型パネル製造が難しく，生産歩留まりを考慮すると既存液晶ディスプレイパネルに比べ，圧倒的に高価になってしまう。
- 液晶技術の高精彩，高機能，応用製品の大型，薄型・軽量化が進んでおり，また，急速な低価格化が進んでしまったために，現状の電子ペーパーパネル性能および製造コストでは，応用製品開発および市場参入が難しい。

- 現状の高精細・高画質印刷の紙媒体と，現状の電子ペーパーパネルの視認性を比較した場合，はるかに紙媒体の性能を下まわっている。また，紙印刷物にかかわる現状コストと，電子ペーパーパネル応用製品の初期導入コストを比較した場合，紙媒体のほうが安価となるため，市場が利用に踏み切れないでいる。
- 液晶・PDP メーカーが，既存製品での紙媒体デジタル化市場への参入を進めており，電子ペーパー技術応用と競合する製品展開を始めている。

このように，電子ペーパー技術応用製品の市場展開を阻害する課題は多いが，世界的な環境問題への取り組みとして，紙消費削減による環境破壊の抑制，紙流通プロセスで排出される CO_2 の削減は重要な課題である。ペーパーレス化が叫ばれて久しいが，既存ディスプレイ製品が整備され，各種電子化システムが稼働している現状でも，紙の消費はあまり減ってはいない。

実際に，日本製紙連合会がウェブ掲載している 2000 年からの統計データを見ても，国内の年間紙需要は 1950 万 t 前後で横這いに推移している。また国民 1 人あたりの紙・板紙消費量の 2005 年統計では，日本は世界第 6 位であり，10 年前に比べても 3% の微増となっている。

既存液晶・プラズマなどのディスプレイ製品は，バックライトによる発色や自発光が必須であるために，静止画表示であっても多くの電力を消費し発熱するので，これら既存技術応用製品での紙媒体のデジタル化は，必ずしも紙資源保護や CO_2 削減に十分な効果があるとはいえない。

これに対して，紙印刷と同様まったく電力を使わずに継続的な画像表示が可能であり，書き換え自体が非常に低消費電力で可能であるという電子ペーパー技術の特長は，新たなデジタル化社会を構築する基盤技術となりうるポテンシャルがあると考える。

次項では，紙媒体のデジタル化を促進するための新たな製品市場展開および新市場の可能性として，大型パネルを中心とした電子ペーパー応用製品の掲示，広告用途への展開に関しての企業の取り組みを考察する。

7.5.2 広告・掲示用途への検討状況

電子ペーパー技術応用製品で，紙媒体のデジタル化を進める際に問題となる

のは，その初期導入コストに対する設備投資額と対投資効果である。一般的な掲示物のデジタル化を想定した場合，環境問題対策，業務運用上の課題解決（掲出・撤去忘れ，情報セキュリティなど），美観向上など副次的な効果を除けば，導入したディスプレイ自体が収益を生むわけではない。当然初期導入コストは，利便性向上による波及効果（紙媒体の製作，運用にかかわる人員・コスト削減および作業時間の転用）により回収することになる。

しかし，現状の電子ペーパー技術応用製品は，既存デジタル媒体に比べ高価である。また，前述した副次的な効果や波及効果は数値に表すことが難しい。さらに，紙媒体のデジタル化による効果を，直接人員削減によるコストメリットに転化しにくい日本の企業文化，雇用事情も導入障壁となっていると考えられる。

この導入障壁を払拭するためには，応用製品の低価格化はもちろんであるが，環境問題や防災対策など国や自治体が進める施策の一環としての利用促進，人員ネックによる顧客サービス低下やノウハウ・知識継承が困難となる事態の防止，業務運用上不可避なサービス機会の損失抑止など，初期投資回収が難しくても得たい波及効果が存在することが必要と考える。

浜松市が電子ペーパーディスプレイを使って街の魅力化・活性化をめざした実証実験の例では，民間事業者，地元企業，行政が連携し，電子ペーパーディスプレイによる情報発信により，歩行者誘導のシステムを構築・運用し，街中の回遊性を高め，歩行量の増加と賑わいを創出しようとした。

実験では，メインストリートに面した4カ所の店舗に設置された複数のA4モノクロ電子ペーパーディスプレイ上に，映画館の座席予約状況表示など民間企業からのリアルタイムに近い情報と，地域のイベント情報やお知らせなど自治体からの情報を表示した。表示コンテンツの作成も情報提供主体が直接実施した。

この結果として，イベント情報など知識活用のために街中での情報提供は有用，高齢者や障害者にとって便利，設置が簡便でランニングコストがきわめて低く効果的，カラー・大型化が進めば非常に利用価値が向上する，携帯などとの連動により利用者からの情報を活用した双方向性の向上が必要，などの意見を得た。

図 7.15　市街地での情報配信実証実験　　図 7.16　電子新聞配信実験

　大手新聞各社を中心に，電子新聞配信に向けた電子ペーパー技術応用製品の検討が進んでいる。社団法人日本新聞協会の調査では，過去 10 年で日本の新聞発行部数はほぼ横這いに推移しているが，1 世帯あたりの発行部数換算では減少傾向にあり，2006 年には 1.02，数年内には 1 を下まわる可能性も高い。
　電子新聞化は，新聞市場にとって，次世代の新しいビジネスモデルによる事業展開と収益性確保のために不可避な取り組みと考える。一定時間以上の画像表示が必要となる新聞表示は，メモリ性がある電子ペーパー技術との親和性が高い。フランスでは，iRex 社とレゼコーが，iRex 社製電子ブック iLiad を用いた電子新聞配信をすでに開始している。
　日本の一般家庭への電子新聞配信の実用化に向けては，多くの課題解決と期間を要することが想定されるなか，電子壁掛け新聞用途も 1 つの出口アプリケーションと考える。
　2007 年 11 月から 2 カ月間，毎日新聞社がブリヂストン社の協力を得て，東京本社に A3 モノクロパネル 2 面張りの試作品を設置し，朝夕の新聞記事を定期配信する実証実験を実施した。
　今後，電子ペーパー技術を応用した電子掲示板が紙媒体に代わり，新聞や広告，イベント情報配信などを融合した新しい情報配信ビジネスモデルの表示媒体として利用される可能性も高い。

広告市場では，導入したデジタル媒体自体に掲出された画像が広告収入を生み出すため，デジタル化による新しい広告モデルで収益向上を図ることが可能であり，比較的容易に初期導入コスト回収が可能である．紙媒体のデジタル化技術として，電子ペーパー技術応用製品導入に意欲的な市場と考えられる．

　動画による広告配信も現時点で一般的に行われているが，表示コンテンツ作成費用など運用コストが高く，広告効果の面でも静止画ポスター広告のような視覚的残像効果が低いなどの課題がある．とくに表示コンテンツの広告効果は，動画であることで視認性を高めている部分が大きいので，見慣れてしまうと短期間に陳腐化してしまう可能性が高い．しかし，動画コンテンツ作成には費用と期間がかかるため，都市圏旅客車両内や公共空間など広告価値の高い一部の場所を除き運用を継続することは難しい．このような背景を考えると，動画広告が普及しても，静止画ポスター広告市場はなくならないと考えられる．

　一方，ポスター広告事業では，印刷，運搬，管理，掲出，撤去などの流通プロセスで運用コストがかかっている．また，紙ポスター広告が産み出す利益は，広告単価と掲示場所（広告枠）数に依存するため，掲示場所が増えるか広告単価が上がらないかぎり利益向上が望めない．そこで，紙ポスター広告をデジタル化して運用コストを削減し利益率を高めるとともに，コンテンツ製作から掲出までのリードタイムを短縮することでリアルタイム性を高め，時分割で広告枠を販売することで利益向上を図る新たなビジネスモデルの展開が望まれている．

　すでに，静止画広告をターゲットとした既存液晶やプラズマ技術を応用した大型のデジタルサイネージシステムが商用化され，システムソリューション提供企業やASP事業者も増えつつあることから，静止画広告市場での利用も序々に進んでいる．しかし，既存の製品には厚みや重量があり，電源設備や有線LANなどの敷設工事が必要であり，設置利用条件にも制約がある．

　電子ペーパー技術を応用したディスプレイ製品は，画像保持性能と超低消費電力駆動が可能であり，バッテリーでの長期間駆動，発熱が少ないことから，防水性に優れた薄型・軽量実装が可能である．このため，従来ディスプレイ技術応用製品の課題を解決し，どこにでも簡便に設置でき，コンテンツ製作も含めた低コスト運用が可能なデジタルサイネージシステムとして市場浸透する可

図 7.17　駅構内電子広告表示実験
（写真提供：凸版印刷）

図 7.18　鉄道車両内広告掲示実証実験

能性が高い．

しかし，現状のカラー化技術は，必ずしも広告用途での利用を満足できるレベルではなく，とくに明るさの面で暗いとの印象がぬぐえない．

2007 年冬，凸版印刷は仙台市交通局と共同で，駅構内の壁ポスター掲示部分に，紙ポスターをくり抜く形で，モノクロ 20 面張り大型表示の広告配信実験を実施した．モノクロであっても紙媒体との組合せおよび多面張りによる大画面化で，効果的な広告効果をねらっている．

日立製作所では，2006 年末から 2007 年初旬にかけて，JR 東日本の協力を得て，ジェイアール東日本企画と共同で，山手線車両内の壁面部分に A4 カラーディスプレイを設置し，複数の広告を時分割表示する実証実験を実施した．カラー電子ペーパー技術応用市場としてその可能性を確認できた．

都市圏を中心とした駅・鉄道車両内には，大量のポスター広告が掲出されており，この紙ポスターをデジタル化することで，ポスターの掲出・撤去作業にかかわる運用コストの削減と，同時に新しい広告ビジネスモデル展開での収益性向上が可能であり，紙媒体のデジタル化を促進する新しい媒体として期待されている．

現状のカラーフィルタを用いた電子ペーパーカラーパネルは，明るさの面で屋内空間での利用が厳しい状況もあるが，サイズ，色数を含め技術進捗が進んでおり，そろそろ本格的な利用検討ができる技術レベルに近づいている．

公共空間への設置は，防災の観点からも利用が検討されている．災害時に停

電が発生した場合，既存ディスプレイでは画面表示が消失してしまうが，電子ペーパー技術応用ディスプレイは，無電源での長期間画像表示が可能である。通常は広告用途などで利用されているような認知度の高い場所で，災害の際には重要な非難経路や災害情報などをリアルタイムに表示することで，利用者の安全確保を図ることが可能となる。

7.5.3 値札・POP類への適用状況

流通業，とくに量販型店舗では，商品販促のために店頭の紙媒体POPが多用されている。日々変わる商品やその価格PRのために，コンテンツの作成，配布，張り替えなどに多くのコスト，人的資源を投入しており，デジタル化による業務効率向上および経費削減が望まれている。

しかし，店頭への設置を考えた場合，既存ディスプレイには重量や幅があり，電源などの配線工事が必須で，設置環境条件の制約があるために設置場所も限定されてしまう。これに対して，電子ペーパー応用POPは，バッテリーでの長期間駆動，無線での配信，どこにでも簡便に設置できる外形構造など，従来のディスプレイでは実現が難しい機能をあわせもった媒体として利用の可能性は高い。

現状はモノクロパネルが主流であり，広告媒体としての利用価値は低い。モ

図7.19　緑マーク社製電子POP　　　図7.20　イシダ社製電子値札

ノクロパネルの上にカラー印刷したフィルムを敷設した POP 媒体も販売されているが，市場が要求している機能の一部具現化であり，また市場の価格要求も厳しいため，市場への展開には時間がかかっている．

POP 広告では既存ディスプレイほどの高精彩機能は必要ないので，現状レベル以上の視認性が確保でき，ディスプレイシステムとして低価格化が図れれば，急速に普及する可能性も高いと考える．

小型電子ペーパーモノクロパネル応用として，電子値札での利用が進んでいる．流通業を中心として，変動する大量の商品の店頭価格表示を電子化するニーズは高い．すでに反射型液晶パネル応用製品の利用が進んでいるが，電子ペーパーパネルの広視野角・高反射率，低消費電力での長時間バッテリー駆動，カラー表示が可能などの特長を活かした応用製品化および普及が各社で始まっており，今後の継続的な利用拡大が予想される．

7.6 携帯電話・時計・その他の応用分野

7.6.1 腕時計

電子ペーパーの特長を活かした商品のなかで，電子書籍に次いで早期に商品化が発表されたのが腕時計の分野である．2005 年春のバーゼルワールドで発表された世界初の電子ペーパー腕時計[14]は，2006 年に発売され，グッドデザイン賞を受賞[15]している．これはセイコーウオッチから限定発売されたもので，「世界初」にこだわる同社らしい取り組みと考える．その後，2007 年には，女性向けの電子ペーパー腕時計[16]も発表されている．どちらもフレキシブルな背面板を用いており，曲げた形のままブレスレット状のデザインとした，数十万円の価格帯の高級指向品である．

2007 年末には 250 ドルと比較的普及価格帯の腕時計も海外メーカーで発売[17]された．これは盤面の背景色を黒や白にしたり，5 分刻みの目盛りを表示したり消したりできる．図 7.21 に示すように，これらは白黒のセグメント表示であり，任意の画像は表示できないが，フレキシブルなマトリックス表示が実用化されれば，携帯電話の待受画面のように，腕時計のデザインをダウンロードして選ぶことも可能になる．

図7.21 電子ペーパー腕時計（左：女性向け，右：普及価格帯）

7.6.2 設備時計

電子ペーパーは小型の腕時計以外に，大型の設備時計にも活用されている。シチズン時計は2005年に，消費電力が従来の磁気反転素子の1/100以下，液晶デジタル時計と比べても1/20以下と超低消費電力でフレキシブルな設備時計を発表[18,19]している。表示部の厚みが3mmと薄く，ボタン電池で駆動が可能なので，紙のポスターと組み合わせた試みも期待できる。

設備時計は体育館などの建物に設置されるが，興味深い用途はマラソンなどの計時である。文字高が318mmと大きく，反射型であるため太陽光下でも見やすく，また筐体に組み込んだ際の重量が磁気反転型の140kgから40kgと軽量化が可能であり，鉛蓄電池に代えて乾電池で駆動できる点を活かし，全日本大学駅伝の計時車などで試験的に使われ，2007年にはLED照明付きで夜間対応も可能[20]となった。

マラソン時計以外の商用化事例では，受注対応品ながら電子ペーパーを用いた電波時計もカタログに記載[21]されている（寸法は横438×縦240mm）。図7.22にマラソン時計と電波時計の写真を掲げる。

図7.22　大型の電子ペーパー時計（左：マラソン用，右：電波時計）

7.6.3　携帯電話

近年の携帯電話は，カラー表示のみならずワンセグ放送などの動画表示が当然の機能となっている。このため，電子ペーパーの採用は難しいと考えられてきた。2006年7月に発表されたモトローラのMOTOFONE F3[22]は，世界で初めて電子ペーパーを主画面に採用した携帯電話である。2006年11月にインドで発売が発表になったことからわかるように，BRICs諸国向けの厚さ9 mmのベーシックケータイである。

公開されている分解記事[23]に詳しいが，テキサスインスツルメンツのワンチップICを用いて低価格化を実現しており，現地価格は約4,500円である。採用されているE Ink電子ペーパーディスプレイは対角2.3インチで，アイコンなどを表示するためのセグメント形式の画素電極が設けてあり，スピーカ部のまわりをTシャツの首のようにくり抜いた形状をしているのが特徴的である。

ガラス部品がないためか，梱包材を入れることなく，紙管状のパッケージに本体，充電器，説明用チラシがそのまま入っていたのには驚かされた。また，夜間の使用を想定して下部左右の2つのLEDが装備されており，キーパッドを照らすとともに，導光板を介して主画面も左右から照らしている。厚さは9 mmで，文字が読めない利用者も考慮して音声ガイダンスが充実している。SMS（short message service）の短いメールを利用できるが，セグメント表示のため文字数が6文字×2行と限定されており，また文字の形も一般的でなく，便利とはいえないようである。図7.23に本体とパッケージ，そして表示

図7.23 電子ペーパーを主画面に採用した携帯電話 MOTOFONE F3

の写真を掲げる。数字の5とアルファベットのSの区別が可能であることがわかる。

　MOTOFONE は数百万台以上が発売されたといわれているが，ミリオンセラーが存在するということは，電子ペーパーを製造するサプライチェーンが整備されつつある，という状況を表している。

　その後 2008 年には日本で，着信時に背面の模様を変化させる表示に電子ペーパーを用いた携帯電話が発表[24,25)]された。どちらの携帯電話の例も白黒のセグメント表示である。

　さまざまなデザインのプラスチックケースを買ってくることで「着せ替え」が可能な携帯電話も多いが，カラーのマトリックス表示が筐体表面に沿って実現できれば，デジタルデータとしての着せ替えが可能になり，着メロをダウンロードするのと同様に，デザインをダウンロードして選べる日が来ると予想できる。省電力機能によって一定時間後に消えてしまう待受画面とのいちばんの違いは，電子ペーパーがもつ画像保持性によって，電力消費を気にすることなく，いつもそのデザインが楽しめる，という点である。

7.6 携帯電話・時計・その他の応用分野　　169

7.6.4 USB メモリ

パソコン間でデータを移動させるのに，USB 端子に挿して使う小型のメモリは便利である。ただし，その USB メモリの空き容量がどれくらいあるかは，パソコンなどに挿して確認しないとわからないのが一般的で，いざ使う段になって空き容量の不足に気づくこともある。

無電源で最後に表示した絵を表示し続けられる，という電子ペーパーがもつ画像保持性を活用して，USB メモリに残量表示を付けた商品[26]は，米国で Sony PRS-500 電子ブックリーダーが発表されたのと同じ 2006 年 1 月の CES (Consumer Electronics Show) で発表された。10 段階のセグメント表示を設けることで，おおよその残量をパソコンから外した状態でも表示し続ける。1 GB の容量で 3,000 円台から買える[27]が，これは MOTOFONE の価格がいかに低いかも表している。

USB メモリ以外では，SiPix 社は 2007 年の SID (Society for Information Display) 展示会で SD カード上に数値表示する試作品を展示しており，コレステリック液晶を用いて，可搬型の USB 接続ハードディスクの内容を表示する商品[28]もある。これは空き容量だけではなく，最後に書き込んだ日時やユーザーが指定する文字列を記録でき，複数のハードディスクを使い分ける環境では利便性が向上する。

図 7.24 に，電子ペーパーを採用した USB メモリと可搬型 USB 接続ハードディスク商品の写真を掲げる。

図 7.24 電子ペーパー付き USB 記憶装置（左：E Ink，右：コレステリック液晶）

7.6.5　その他

図7.25に，5日間の天気予報の表示装置の写真を掲げる。これはE Inkと同じマサチューセッツ工科大学から生まれたベンチャー企業のAmbient Devices[29]の商品で，いつもさりげなく情報を伝えてくれる，というのが同社のコンセプトである。

図7.25　電子ペーパーを用いた天気予報表示装置

電子ペーパーの低価格化が進み，環境としてのユビキタスコンピューティング[30]が現実のものになると，自らは光らず目立たないものの，的確な情報のインタフェースである電子ペーパーは，「静かにわれわれを支援するテクノロジー」のひとつとして来たるべきユビキタス時代において活躍する，と筆者は確信し，期待している。

▼参考文献

1) 小林龍生：「電子書籍コンソーシアムとBOD総合実験の現在」，『出版ニュース』，1999年4月中旬号，p.7.
2) 小林龍生：「電子書籍コンソーシアムとBOD総合実験の現在」，『出版ニュース』，1999年4月中旬号，p.8.
3) 佐藤新治氏提供資料より作成
4) ニコラス・ネグロポンテ：『ビーイング・デジタル－ビットの時代』，アスキー，1995.
5) IEC/TS 62229：Multimedia systems and equipment-Multimedia e-publishing and e-books-Conceptual model for multimedia e-publishing, 2006.7.24.
6) IEC 62448 Multimedia systems and equipment-Multimedia e-publishing and e-books-Generic format for e-publishing, 2007.4.11.
7) （社）ビジネス機械・情報システム産業協会：需要予測「電卓／電子辞書関係」http://

www.jbmia.or.jp/MoBS/market/
8) 全国出版協会・出版科学研究所：「電子辞書とその市場」，『出版月報』，2003 年 10 月号．
9) 石井隆一：「米国における電子書籍市場及びソニー製 Reader 導入事例」，日本画像学会誌，第 46 巻第 5 号，pp.407-411，2007．
10) 服部　仁，筒井恭治：「リライタブルペーパープリントシステムの開発」，リコーテクニカルレポート，No.28，pp.125-129，2002 年 12 月．
11) リコーウェブ情報　　http://www.ricoh.co.jp/thermal/product/tr/
12) 有澤　宏：「電子ペーパーの将来像を考える（その 2）：オフィス用途」，日本画像学会誌，第 46 巻第 5 号，pp.411-415，2007．
13) 有澤　宏：「コレステリック液晶を用いた電子ペーパー」，Japan Hardcopy 2000 論文集，pp.89-92，2000．
14) セイコーウオッチプレスリリース　　http://www.seiko-watch.co.jp/press/release/baselworld/basel_2005_04.html
15) セイコーウオッチプレスリリース　　http://www.seiko-watch.co.jp/press/release/2006/1026.html
16) 日本経済新聞記事：「電子ペーパーで腕時計　セイコーウオッチ　50 万円台，女性向け」，2007 年 4 月 12 日付日本経済新聞朝刊 11 面，2007．
17) Phosphor サイト　　http://www.phosphorwatches.com/phosphorwatches/
18) シチズン時計プレスリリース　　http://www.citizen.co.jp/release/05/050615ei.html
19) シチズン TIC プレスリリース　　http://www.tic-citizen.co.jp/press/e_clock/index.html
20) シチズンテクノロジーセンタープレスリリース　　http://www.citizen.co.jp/release/07/071129mt.html
21) シチズン TIC 無線時計システムシンクウェーブカタログ　　http://www.tic-citizen.co.jp/download/catalog/syncwave1.pdf
22) Motorola MOTOFONE 紹介ページ　　http://direct.motorola.com/hellomoto/motofone
23) Navian 携帯電話分解レポート　　http://navian.weblogs.jp/navian_news/2007/02/3_ca49.html
24) KDDI au 製品ラインアップ W61H　　http://www.au.kddi.com/seihin/kinobetsu/seihin/w61h/index.html
25) HITACHI 携帯電話　商品情報 W61H　　http://k-tai.hitachi.jp/w61h/index.html
26) Lexar USB Flash Drives Mercury 紹介ページ　　http://www.lexar.com/jumpdrive/jd_mercury.html
27) レキサーメディアオンライン販売サイト　　https://w1.broadserver.jp/~gaaum000/products/products_4.html
28) SmartDisk FireLite XPress 紹介ページ　　http://www.smartdisk.com/staticpages/FireLiteXpress.asp
29) Ambient Devices サイト　　http://www.ambientdevices.com/cat/index.html
30) Mark Weiser "Ubiquitous Computing"　　http://www.ubiq.com/ubicomp/

第8章
未来の電子ペーパーに期待すること

8.1 はじめに―伝えるということ―

　昔見た映画のシーンで，胸の詰まる思いをしたことがある。「天平の甍」（井上靖原作，熊井啓監督，1980年）だと思うが，鑑真和上など仏教伝来に関するものであった。唐へ渡った日本人の僧侶が，何十年もかけて膨大な経典を書き写す。だが，ようやく帰国の途についたとき，船は嵐に巻き込まれる。乗員の命を救うため，他の積荷とともに，その経典のすべてが海に投げ捨てられてしまうのである。僧侶は人生に絶望し海に飛び込む。荒れ狂う海面とは裏腹に，海の中はあくまでも静かであって，膨大な数の経典が舞い降り，そして降り積もっていくのだ。

　私はこのシーンを見たとき，文化というものが，どれほどの思いと労力をかけて伝えられてきたのかを知った。文字も，紙も，仏教も，儒教も，人そのものの往来とともに，「手で書き写す」という途方もなく手間のかかる方法で，ようやく伝えることができたのである。

　僧侶の人生は，徒労だったのだろうか？　いやきっとそうではない。そうやって，伝えたかったという思いだけは少なくとも残ったはずだ。それが，他の人々をまた同じ情熱に駆り立て，いくつかの幸運に恵まれた経典が，ようやく海を越えて運ばれた。その結果，私はここで，漢字を含む日本語を書いている。彼の努力が，文化や言語を伝え，長い時間のあとに，印刷技術の発展に貢献したのだと思いたい。グーテンベルグの印刷技術が聖書の普及に役立ったように，誰かに何かを伝えたいという思いが技術を進展させてきたのだ。

　紙も，文字も，印刷も，インターネットも，コミュニケーションのための道具である。そして電子ペーパーは，その延長線上にある道具だ。インターネッ

トが世界の情報を伝え合うために劇的な変化をもたらし，世界を小さくしたように，電子ペーパーは，紙に書いて伝えたかった何かを，デジタルに置き換えることで，コミュニケーションに新たな革命をもたらす。書かれた文字の内容を読み取り，相手の必要に応じて違う言語や点字などに変換できるかもしれない。一冊の本を，違う年齢の子どもが自分の習った漢字だけで読めるようになったり，高齢者が自分の視力などに合わせて変化させたりすることができるかもしれない。手紙や印刷物も同様だ。相手の状況に応じて，相手にとって負担の少ないように，影からそっと手助けしてくれる，アンビエントな情報アプライアンスに，電子ペーパーはなっていくだろう。また，環境保護の観点からも，森林資源を無駄使いしない電子ペーパーへの期待は大きい。さまざまな人のニーズに応えるユニバーサルデザインであり，エコに貢献できる電子ペーパーは，ユビキタス情報社会のなかで，「思いを伝える」ための新たな道具として，次の時代の海を渡っていくのだろう。

8.2 書籍の手触りを楽しむ

　新しい書籍を買ってきて，最初に開くその瞬間が好きだ。最初のページを指でなぞって，紙に折り目をつけて読みやすくする。あのときの，紙と指とのあいだのコラボレーションが，これから読むぞ，という儀式のようで，気分が高揚する。情報をデジタルで読むことが増えた今も，あの，フィジカルな本を開く瞬間のときめきは変わらない。

　私が未来の電子ペーパーに望む第一のものは，触感である。技術的には最も難しいとわかってはいるのだが。書籍ごとに，異なったテクスチャーで外装され，異なった紙の感触をもち，自分が折り目をつけた位置を触って確認できる。そんな電子書籍がほしいのである。聖書も，万葉集も，辻邦生も，ミヒャエル・エンデも，西原理恵子も，さいとうたかをも，同じ雰囲気で読みたいとは思わない。さっと読めてさっと捨てられるフリーペーパーと，一生大事にしたい稀覯本が，同じレベルで扱われることに，私は抵抗がある。せめて，自分の「書庫」に大事に秘蔵しておきたい本は，自分の電子ブックを呼び出したときに，その本独自の手触りで再現してほしい。

バーチャルリアリティの研究のなかでは，触覚に関する研究はかなり進んでいる。これまでは，データグローブのなかでの触覚再現が多かったが，今後はそれを紙の上で進める必要があるだろう。紙が触覚を含む情報を提供できるようになることで，これまでは不可能だった新たな可能性が生まれる。決して触ることのできなかったものを，これからは自由に触って理解できるようになるだろう。

　平家納経のあの紺地に金泥で書かれた文字を，触ってみることもできるかもしれない。古代エジプトのヒエログリフを，パピルスのかさかさした感覚とともに読むことも，ロゼッタストーンのひんやりと冷たい感触をなぞりながら読んでいくことも，いつかは可能になるかもしれない。

　文字を書くという行為は，視覚とともに，触覚や動作を駆使するため，幅広い身体記憶を伴うものである。だが文字を読むという行為は，おもに視覚や聴覚に頼るもので，触覚を使う部分は少ない。視覚障害者が点字を読む場合などを除けば，触覚という感覚器官は，読むという行為においては書籍のテクスチャーや紙を触るという部分のみの働きである。

　だが，もし電子ペーパーが触覚を提供するようになれば，読むという行為にまったく新しい展開が考えられる。すべての動植物図鑑の写真を，もし触ることができたらどんなに楽しいだろう。ススキの穂のふわふわに触ってみたり，トカゲのうろこの硬さに驚いたりするかもしれない。写真集も，触れるものが出てくるだろう。エベレストの高さや，月面のクレーターを体感できるかもしれない。読むという行為を，初めて身体記憶のなかに追加することができるようになるのだ。

　これは，さまざまな人にとって，新しい「読む楽しみ」をもたらす。視覚障害者にとっては，これまで見ることのできなかったものを感じることができる。子どもたちは社会のさまざまな事物を五感で体感することができる。大人にとっても，行ったことのない場所を感じ，ものごとを深く理解するきっかけになるだろう。江戸東京博物館や生命の星・地球博物館などで，展示物のいくつかを立体模型で作成し，視覚障害者を含む来館者が触れるようになっているが，常設品などまだ少数だ。これからは企画展も含め，すべての展示品を誰もが楽しめるユニバーサルデザインで展示することも可能になるだろう。書籍，

絵画，写真といった表示される平面や立体など，あらゆるものに対して，見る，読む，書くといったコミュニケーションのあり方が，電子ペーパーの普及でまったく新しい展開をみせるかもしれないと期待している．

8.3 今すぐにでもほしい電子ペーパーの機能

どこかへ出かけるとき，地図を印刷する．乗り換えを案内する時間や駅名を印刷する．会合の場所や時間，連絡先を記したメールを印刷する．会議資料を印刷する場合もある．これらは，みな，その会合が終わったら捨ててしまうものだ．PCを持ち歩けばいいのだが，重いので毎日だと肩が凝る．携帯に転送できるものもあるが，地図などは細かいのでなかなか使いづらい．つい，手近にあるプリンタで印刷してしまう．だが，用件が終われば捨てられる運命のこの紙たちが，私にはかわいそうでならない．関連する情報を表示するたった一瞬の目的のためだけに，存在し，消えるのである．

JBMIAの電子ペーパーコンソーシアムの会合で，つくってほしい電子ペーパーについて話し合ったとき，私が希望したのはこの機能だった．PCからUSBでつながっていて，ほんの数枚だけ印刷して，クリアフォルダに紙を入れる感覚で使える電子ペーパーだ．最も簡単なバージョンは，最大でも10枚あればいい．書き込みの機能もいらない．スクロールと表示の機能さえあれば十分なのだ．電子媒体で持ち運べるPDFという印象だろうか．そのとき必要な情報だけを，紙に印刷するような感覚で持っていける．終わったら消せばいい．紙を捨てるのと違って，環境に悪いことをしているという罪悪感は少なくともない．電子ペーパーなので，液晶ディスプレイと違って電気も多くは消費せず，CO_2も出さないエコな道具である．

この機能は，情報アプライアンスのひとつとして提供される．ASPとして利用したぶんだけネットワークで費用が請求されるしくみであっていい．5枚使えば，5枚分の請求が来るということだ．

もし，会議資料のように，もう少し機能がほしいのであれば，書き込みができる上位バージョンもあっていい．30枚くらいの資料が出力できて，紙のように書き込みも可能であるが，同じ資料を全員で参照しながら，みんなで書き

込みを共有することもできる。遠隔地との会議においても，同じ資料の参照が可能になるだろう。かつて，遠隔地との共同作業を支援する概念としてCSCW（Computer Supported Cooperative Work）が研究されたが，それをもっと安価に実現する手法となるかもしれない。USBなのだから，たがいのデータ交換も簡単である。オフィスから，プリンタ，コピー，FAXなどが消えていくかもしれない。簡単なパンフレットや広告もこれで提供できるようになるだろう。

電子ペーパーが一般に普及するためには，最初はあまりフルスペックのもの，高機能のものにする必要はないのかもしれない。もっと簡単で，手軽に使える機能だけで十分というアプリケーションは，たくさんあるはずだ。高機能で高価格のものを普及させるより，最初はシンプルで低価格のものから始めていくほうが，ユーザーの認知度や便利さへの理解は速く進むと思われる。

その点では，誰もが持っている携帯電話の液晶の代わりに電子ペーパーを使うというのは，賢い普及方策かもしれない。日本では2007年にNTTドコモがNECと試作を行っている。電卓の機能などはたいへん使い勝手がよい。2008年にはauが日立製作所と，電子ペーパーを背面に使った携帯電話を発売している。またモトローラは36ドル携帯を電子ペーパーで商品化した。日本のものほど高機能ではないが，インドでの展開を考えているということだ。インドではデジタルデバイド克服のために，シンピュータ（Simputer）というPDAを開発したり，MITが100ドルの手回しPCを途上国向けに開発したりしてきたが（One Laptop per Childプロジェクト），他のアジア各国と同様に，携帯電話の市場のほうが先に離陸しているといわれる。普及すれば7億を超える人口が使えるようになるのだから，もしインドにおける携帯電話に電子ペーパーを搭載すれば，大きな市場になると思われる。

省電力で，誰もが使えるシンプルな電子ペーパー携帯は，おそらくITの未来に大きな影響を及ぼすだろう。紙が電子ペーパーになるのか，携帯が電子ペーパーになるのか，それとも，携帯が電子ペーパーを操作する端末になるのか，まだ未来図は見えてこない。これからが楽しみである。

8.4 「ルイカ」という名にこめた思い

　2002年から3年間，文部科学省の科学技術振興調整費「先導的研究等の推進」プログラムによる「横断的科学によるユビキタス情報社会の研究」（通称：やおよろずプロジェクト）に参加した．ユビキタス情報社会の諸問題を，文系・理系の研究者が集まって考えようというものであった．日立製作所が幹事会社で，東京大学，慶応大学，東京工科大学，NIMEとユーディットが参加した．

　「やおよろず」という名前は，ユビキタスの和名として，このプロジェクトのなかでつけたものである．ユビキタス，すなわち遍在する，あまねく存在するという言葉は，よく「神は遍在する」という文脈で使われるといわれる．この「神は遍在する」という言い方に，私たちは反応した．日本にだって同じ言い方があるじゃないか．あちこちに神がいるっていうことでは，日本だって，昔から「八百万の神」っていうのがあったよね．こっちが先輩かもしれないよ，とばかり，ユビキタスをやおよろずと言い換えて，プロジェクトの名前にしたのである．

　ただ，この名称を海外の学会で発表するのはなかなか困難だった．やおよろずの神は，山にも川にも，かまどにも井戸にも，神さまがいるという考え方である．それぞれが個別の神だ．だが，一神教であるクリスチャンからは，「ユビキタスというのは，一人の神があちこちに存在しているという概念なのであって，800万も別々の神がいるわけじゃないんですが」と反論されてしまった．ここで私たちを窮地から救ってくれたのはインドからの出席者だった．

　「あの～，日本ではたった800万しか，神さまはいないんでしょうか？」
　「は？」
　「インドでは，3億以上の神がいるといいますが…」
一神教信者である参加者が黙ってしまったのは，いうまでもない．

　私はこのやおよろずプロジェクトで，ユビキタス情報社会におけるライフスタイルデザインを考えた．一般の人々にとって，幸せな未来とは何だろう．それを支援するために，ITができることは何なのだろう．ITが創る未来，とかいう大それたものではない．しょせん道具であるITに，そんな力があろうは

ずもない。それぞれの人々が，自らを，家族を，より幸せにしたいと思う。その思いこそが，最も大切なもののはずだ。ならば，ITも道具のひとつとして，井戸やかまどと同じように，手伝わせていただきたいと思った。

世界的なユビキタス研究者のみなさんと議論を進めるうちに，私は文系の立場でできることは何かを考えた。その結果は「スローなユビキタスライフ」という小説の形で表された。研究助成のアウトプットが小説であるというのは前例がなかったようで，文部科学省も驚いたようだが，理系以外の人々にも成果を伝えるための手段としておもしろいということで，歓迎してくれた。

「スローなユビキタスライフ」は，都会の生活に飽き足らない老夫婦が地方の温泉地に移住したいと言い出し，息子の一家が彼らを訪ねるところから始まる。その地には「ルイカ」という名前の不思議な情報端末が存在しており，それを使うことで街の人も観光客もコミュニケーションがよくなって満足度が増している。ルイカの開発者である研究者やその周辺の人々の人生模様がつづられるなかで，地域における情報化のあり方や，科学技術に携わる者の思いなどが語られる。

この本は，はからずもユビキタス情報社会のあり方に一石を投じるものとなったようで，中高生向けの選書に選ばれたり，IT各社の研究者のあいだでひそかにブームになったりしたようだ。今後の高齢過疎地の情報化を考えるという点で霞ヶ関にも読者は多く，日本の国土計画をつくる審議会の委員を拝命したり，日本ペンクラブの会員にさせていただいたりという，自分としても想定外の展開となった。

この「ルイカ」という端末には，いくつかのパターンがある。どんなデザインか，どのような機能をもっているのかは，物語のなかではあまり詳しく書かれてはいない。だが，その地域で暮らすための最低限必要なアプリケーションを，状況に応じて，オンデマンドで呼び出すことができる。不要なときは小さく，必要に応じてサイズも機能も可変である。

やおよろずプロジェクトの幹事会社であった日立製作所のデザインセンターが，いくつかのモデルを試作し，美しいモックアップをつくってくれた。そのなかで，最も人気のあったものが，やおよろずのなかで「矢立モデル」とよばれていた端末である。これは，究極の電子ペーパーバージョンであった。画面

はくるくると丸めることのできる電子ペーパーでできている。外側は，手触りにこだわって，木や竹の天然素材の細い板をつないだものにした。移動の際は細く丸めることができ，ペンがすっきり中に収納できるようになっている。じゃばらの内側の電子ペーパーは，開いた瞬間にすっと硬くなって，読み書きできる画面として使えるものに変化する。かつて，芭蕉の時代に道中の文具として持ち歩いた「矢立」をイメージしている。

　物語のなかでは70代の市民記者(?)が，取材メモの入力やサイト作成・表示に使っている。短歌を一首，優雅に詠む雰囲気で，手書きメモや音声入力などが簡単に使えるが，写真や映像の撮影・再生などいろいろな機能もある。紙のように可塑性があり，液晶のように多様な入出力が可能で，ノートや本のように何枚もめくることができて，携帯端末のように検索性がある。でも，省電力の電子ペーパーだ。そんな機器をイメージしてみた（図8.1）。

図8.1　矢立モデル

　もしこのような用途に電子ペーパーが使われるとしたら，ノートPCも携帯電話も要らなくなってしまうかもしれない。私たちは，長いあいだ，ノートや手帳を使ってきた。紙の媒体を使っていた時代のほうがIT機器より長いのだ。

それがノート PC と，携帯電話と，電子手帳になってきたが，どれも中途半端な機能しかない。結果として，どれも捨てられずに持ち歩く羽目に陥っている。B5 ノートの大きさとパソコンの機能をもちながら，携帯としての通信機能があり，大きさが可変である機器が欲しい。そんな願いを込めたものである。

　ルイカという名前にも，思い入れがある。小説のなかでは Rural Information Communicator Assistance の頭文字，ということになっているが，じつはルイカとは，アイヌ語で「橋」を意味している。文理融合プロジェクトの性格からしても最適だと思い，この名前をつけた。2 つの価値をつなぐ架け橋としての「ルイカ」を，私たちは現代で必要としている。文系と理系だけではないかもしれない。市民と行政，消費者と企業，ユーザーとエンジニア，さまざまなグループや世代をつないでいく橋が必要だ。2 つの価値をつなぐもの，2 つの思いをつなぐもの，2 人の人間をつなぐものとして，コミュニケーションの道具である携帯端末に，託した思いは深い。

　じつは重要な登場人物である研究者の名前も，香成（かなる）という。運河の CANAL から名づけたものだ。橋と運河という，技術の極致のような人工物は，長いあいだ，人類の工学的英知のシンボルでもあったはずだ。2 つの異なる土地や海，文化や人々をつなぐことで，まったく新しい何かを創造できることの象徴だったのである。紙や船が，遠くから文化や芸術を運んできたのと同じように，人々は技術に願いを込めていた。

　科学技術は，もともとはそのように出発したはずであった。橋や運河を，人々は待ち望み，完成を祝った。つながることは希望であった。人類の幸福に寄与するために，科学技術は存在した。20 世紀に入ってから，必ずしも科学技術の進展が，人間を幸福にしないかもしれないというおぼろげな不安を抱えるようになってしまったが，原子力も IT も，出発の時点では人を幸せにするものだったはずなのだ。ルイカには，離れてしまった科学と人間のあいだに，橋を架けたいという願いをこめている。この小さな電子ペーパーの端末が，もし実在することができたら，どこかで人を幸せにしてほしいと願わずにはいられない。

　JBMIA 電子ペーパーコンソーシアムのリサーチグループ 3（以下 RG3）に

は，このような「ルイカ」を創ってみたい！という人々が集まっている。電子ペーパーの技術動向やニーズを把握しながら，いつかはルイカを，と思っている夢多きエンジニアの集団だ。今はまだ，丸めたり，一瞬で硬化したりするタイプの電子ペーパーは実現できていないが，いつか彼らのうちの誰かが，物語の香成のように，社会に必要とされるものをつくり出してくれる，夢を叶えてくれると信じている。

8.5　電子ペーパーのユニバーサルデザイン

日本はイタリアを抜いて，世界の最高齢国家となった。今後10年間は，トップを独走するといわれている。新聞や，書籍や，テレビやラジオといった，なつかしいメディアを愛する年代層は，今後ますます加齢の影響を受けざるをえない。だが，この時間とお金と向学心に溢れた層は，情報を受発信することに熱心な層でもある。引退後も新聞や雑誌，書籍やテレビからの情報を必要とするだろう。今後は情報発信にも熱心になる可能性がある。

しかし現在のメディアは，必ずしもそのシニアのニーズに応えているとはいえない。新聞は字のポイントを上げ，かなり見やすくなった。放送は字幕や副音声（音声解説）を付けるようになり，聴覚や視覚に障害のある視聴者に配慮するようになった。だが，まだ欧米に比べれば，法律による義務化が進んでいるわけでもなく，人口に比例した対応がなされているとは言い難い状況である。

紙の可読性を持ちながら，文字サイズや内容を可変にすることができたら，という思いは，多くのシニアのなかに根強い。薬ビンの表示が読めなくて不安になった夜や，小さい字の取り扱い説明書を投げ出したくなった経験は，誰もが持っていることだろう。書き込みにくいウェブサイトでお歳暮のオーダーを諦めた経験もあるかもしれない。

誰もが使えるよう，最初から考慮して，身のまわりのさまざまなものを考えるというユニバーサルデザインの概念は，建築物，公共交通，まちづくり，情報サービスなど多くの分野で適応されてきた。これは，多様な人が使う情報メディアにとっても，必要不可欠な考え方である。

紙媒体で提供されることの多い印刷物を読むため，視覚障害者は，印刷物をOCRにかけて音声化したり，点字化したりして読んできた。拡大読書器で大きさ，背景色，フォントを変えて読む人もいた。紙を電子化して読むことのニーズは，たいへん大きなものだったのである。

　海外の書籍は，新刊書が出るのと同時に，音声バージョンや，テキストまたはhtml形式の電子媒体でも販売されることが多い。電子ブックとして提供されることもある。情報をマルチモーダルに提供し，本人の必要とする入出力方法，媒体で使ってほしいという意識の表れだろう。

　情報やIT機器をつくり出す者は，それを，誰がどのように使っているのか，多様なユーザーのニーズや利用形態を知ることが求められる。ニュースをウェブで読む人々のなかには，紙の新聞をとりたくない若者もいれば，音声でしか画面の情報を取得できない視覚障害者，拡大して読みたい高齢者もいるのである。情報をつくる者には，情報そのものをユニバーサルデザインでつくるという良識が必要だ。ウェブコンテンツのアクセシビリティや，PDFの文字データにロックをかけないというのは，もはや常識の一部である。

　電子ペーパーが，もし，デザインの初期段階から，多様なユーザーのニーズを考えてつくられていれば，普及は早くなるだろう。若い尖った人の好みだけでなく，シニアや子どもの使い勝手を考える。そうすれば，若い人にとっても使いやすいものとなる。ルイカは，そのような機器として考えられた。5歳の子どもにも，70代，80代にも使える。それぞれのニーズや使い勝手に合わせて，それぞれ使いたいアプリケーションが変わる。自分の思いを汲んでくれて，影からそっと支える，アンビエントな機器である。

　高齢社会日本で，これから生み出される電子ペーパーは，ルイカのようにユニバーサルデザインでなければならない。使いやすくて，さまざまなユーザーのことを考えていて，なおかつ，クールであってほしい。日本のものづくりの良いところをたくさん取り入れながら，多くのユーザーを幸せにすることを願い，たくさんの人をつなぐ道具になっていってほしい。

　どんなに世界が進歩し，技術が進んだとしても，人間が望むものはそれほど変わることはないだろう。誰かとつながりたい，誰かに思いを伝えたいという根源的な願いは変わらない。電子ペーパーは，いやIT機器のすべては，その

願いを叶えたくて発展する。今はまだ幾多の試作機が航海を続けているところだ。いつか，そのうちのいくつかが，海を渡り，あらたなフロンティアを発見することだろう。ユニバーサルで，かつユビキタスな環境のなかで，誰にでも使えることをめざしたものだけが，海を越えて生き残るのだろう。

▼参考文献
1) One Laptop per Child プロジェクト　　http://laptop.org/en/index.shtml
2) 文部科学省の科学技術振興調整費「先導的研究等の推進」プログラム「横断的科学によるユビキタス情報社会の研究」（通称：やおよろずプロジェクト）
　　http://www.8mg.jp/index.html
3) 関根千佳：『スローなユビキタスライフ』，地湧社，2005，ISBN4885031850
4) 電子ペーパーコンソーシアム　　http://www.jbmia-epaper.jp/

第9章 電子ペーパーの展望

9.1 グーテンベルグ技術の恩恵と限界

　グーテンベルグによる活版印刷技術（1440年ごろ）は，その影響力の大きさという点で，過去1000年間での最大の発明ともいわれる。書物の大量流布を可能とし，文字による情報伝達，蓄積を革命的に進展させたこの印刷技術の発明以降，人類の文明が飛躍的に発展を遂げたことは明らかである。印刷物は知識や情報を確実に伝達する手段として，グーテンベルグ以降，君臨を続けてきた。

　しかし，その位置づけは，電子技術の進歩により急速に変化しつつある。ラジオ，テレビの発明と普及はその端緒であるが，最近ではコンピュータとインターネットが圧倒的に高効率の情報伝達・集積手段として，しだいに大きな位置づけを占めつつある。5世紀ぶりの脱グーテンベルグともいえる昨今の変化の状況は，アナログ情報社会からデジタル社会への移行としてもとらえられる。

　一方で，デジタル社会の進展は必ずしも歓迎されていない面もある。デジタルデバイドという言葉に象徴されるように，デジタルメディアの使用には多少とも専門的な知識が要求される場合が多々ある。紙の新聞や本が老眼鏡さえあればお年寄りにも読めるのに対し，インターネット上の情報はコンピュータが扱え，インターネット接続の知識がなければ享受できない。また必要知識を有する利用者にとっても，ディスプレイ作業の疲労やコンピュータ使用上のさまざまなストレスなど，デジタルメディアのデメリットと思える点が多々存在する。

　一般にアナログ機器・メディアは万人に扱いやすく，暖かい印象をもたれる

のに対し,デジタル機器・メディアは扱いが難しく,冷たい印象をもたれがちである。はたして,これは最終的な印象として正しいものであろうか？ むしろこれは現状のデジタル機器,デジタルメディア,デジタルシステムの成熟不足を象徴しているとも考えられる。グーテンベルグ以来の印刷物が,5世紀以上の時をかけ,扱いやすい形に進歩と成熟を成し遂げたのに対し,ここ半世紀ほどの新参者であるデジタル技術は,人間にとっての扱いやすさや親和性という点で,まだ荒削りと考えられる。その荒削りで不備な点を整えて扱いやすくしていくのが,これからの技術者の責務であろう。

情報流布や蓄積の効率性において,印刷物などのアナログメディアを圧倒するデジタルメディアは,印刷物の補完以上の役割を担うべきものと考えられる。そのためには,何が不足で何がネックなのかという分析と認識が必要であろう。このような観点で,情報入手手段としてデジタル手段とアナログ手段とを比較し,現状におけるデジタル手段のメリットとデメリットという観点で整理をしたのが表9.1である。

表9.1 アナログメディアとデジタルメディアの優位性比較

	比較項目	デジタルシステム (コンピュータ上の情報)	アナログシステム (書物)
デジタル優位	情報の流布速度	高速(通信ネットワーク)	低速(印刷物の流通)
	情報の蓄積効率	保管スペース極小	保管スペース膨大
	情報の更新	随時可能	再印刷
	情報の維持	劣化なし	経年劣化あり
	資源の消費	低消費(機器製造・維持の資源消費は別途考慮必要)	森林資源の大量消費 運送エネルギー消費
アナログ優位	閲覧の快適性	疲労しやすい	読みやすく快適
	情報の所有	所有感薄い	所有満足感あり
	閲覧場所	制限多い	制限少ない
	扱いの容易性	操作難しい	容易

デジタルシステムは,大量の情報を高速に大規模に流布させ,少ないスペースで大量に蓄積可能という点で,省資源・高効率というメリットが大きい。扱

われる情報量が少なかった時代においては，それをすべて印刷物として流布・保管することに大きな問題は生じなかったであろうが，世界中で大量の情報が生成・流通する現代において，そのすべてを紙で記録・流布・保管しようとすれば，膨大な資源・エネルギー・スペースを要求し続けることになる。デジタルシステムへの移行は，資源・エネルギーなどの点でも人類の存亡にかかわる命題と考えられる。もはや問題はアナログとデジタルのどちらを選択するかという段階にはなく，必然的なデジタルシステムへの移行後にいかに快適な状態を実現できるかという課題として考えられる[1]。

9.2 デジタル技術の課題

このように必然的なデジタルシステムへの移行は，音楽や写真に関してはCD，デジタルカメラへの移行として順調に進んだが，書籍，新聞，書類などに関してはまだこれからという段階にある。その順調な移行を阻む要因として考えられる事項を表9.2にあげた。

表9.2 デジタルシステムへの移行上のネック

項目	ネック	目標
取り扱い容易性	コンピュータの扱いが難しい	電話機程度
疲労	ディスプレイは疲れる	紙の読みやすさ
作業性	画面がせまい	紙並みの作業性
気楽さ	慎重な扱いが必要	落としても壊れない
雇用問題	流通過程に多数の従事者	雇用問題の軟着陸

表9.2において，とくに肝心な人間との接点部分で，疲労や快適感の点での不満点が目立つ。たとえば，現状のコンピュータの扱いの難しさは大きなネックである。コンピュータが一部の専門技術者の専有物であった時代はともかく，昨今のように一家に1台あるいは一人に1台のパソコンが想定される状況において，その操作や設定に必要とされる知識や手順は，明らかに煩雑すぎる状態にある。パソコンが家電並みに普及しつつある状況に比して，それらが家

電並みの使用容易性を備えるに至っていないことは，重大な不備である。電話ができることとパソコンでインターネット情報が閲覧できることとは，同レベルの容易性となることが理想である。

現状の不満点のもうひとつの元凶と見なされるのが，CRTやLCDなどの電子ディスプレイである。ディスプレイ上で長時間の連続作業を行った場合の疲労が自業自得とされるような状況では，グーテンベルグ技術に代わって文明推進の主役となることは望むべくもない。ディスプレイがコンピュータの情報窓口となったのは意外に最近のことであり，じつはここ20～30年ほどの歴史しかない。初期のコンピュータには，プリンタ装置が情報表示窓口として付随しているのが普通であった。その後，テレビ受像機として発達しつつあったCRT表示装置が，コンピュータ用にも便利であることが認識され普及し，その後LCD表示装置へと引き継がれつつある。元来はテレビとして映像を眺めるために開発された表示装置が，精細な文字を読み取る用途に転用されている歴史的経緯が，読むための装置としての不備の原点とも考えられる。

デジタルシステムへの移行の社会的ネックとして，紙配送による情報流布手段の巨大な既存システムの存在もあげなければならない。新聞システム，出版システムに伴う情報配送部分に従事する就労人口を考えるとき，電子新聞，電子書籍への移行は大きな痛みを伴う大改革になる可能性が高いからである。そのような雇用問題についての軟着陸の方策を用意することも，とくに電子新聞の普及に対しては重要な要素と考えられる[1]。

9.3　電子ペーパーとユビキタスの関係

昨今，話題にのぼるユビキタス社会をめざす動きと，電子ペーパーの関係を整理してみよう。ユビキタスは時空自在という訳語が候補となるように，いつでもどこでも情報が空気のように入手できる，理想の情報環境を示す言葉と考えられる。このような状態を実現するためには，いつでもどこでも情報ネットワークに接続できることが必要であり，セキュリティ対策などを含む高度なワイヤレス通信技術がキー技術となる。その際にもう1つのキー技術として見落とされがちなのが，閲覧技術である（表9.3）。人間の眼や脳が直接に情報ネ

表 9.3 ユビキタス社会実現の目標とキー技術

達成目標	必要技術	技術への要求
いつでもどこでも情報ネットワークにアクセス可能	ワイヤレス通信技術	大容量 低コスト 高セキュリティ
入手情報をいつでもどこでも閲覧可能	電子ペーパー技術	コンパクト 壊れにくい 読みやすい（環境非依存） 省電力

ットワークに接続されるわけではないので（SF 映画には見られるが），人間は情報ネットワークに接続された機器を通して，情報を閲覧することになる。この際，そのような閲覧をいつでもどこでも行うためには，いつでもどこでも身につけて持ち歩ける情報閲覧装置が不可欠である。つねに携帯することを前提とするそのような閲覧装置には，小型，壊れにくい，見やすい，省電力という要件が必然的に要求される。これらの要件は，電子ペーパーの達成目標とみごとに一致している。電子ペーパーは，通信技術と並びユビキタス社会を実現するためのキー技術と位置づけられる。

9.4 電子ペーパー技術の展望

電子ペーパーは，1997 年の E Ink 社設立の前後より話題性が高まり，開発・実用化も急速に進んだ技術である（表 9.4 参照）。電子ペーパーの概念・技術は，ディスプレイ技術者の究極の夢としてのペーパーライクディスプレイ，プリンタ技術者の夢としてのリライタブルペーパーという既存概念の延長上にある。

電子書籍端末に関しては，米国で 2000 年ごろに反射型液晶を用いた端末が何種類か発売されたが，普及には至らなかった経緯もあり，2004 年以降の電子書籍端末の発売動向には，「なぜ，また？」という辛口の評論も聞かれた。

従来からの技術目標や商品概念に，電子ペーパーという新しい看板を掲げてみたら，急に世の中から注目され，目標も明確になって，開発・製品化が加速された面も確かにあろう。しかし，もう少し本質的には，コンピュータ・ネッ

表 9.4 電子ペーパー・電子書籍の商品化年表

年＼方式	電気泳動	粉体移動	コレステリック液晶	従来型液晶	可逆感熱（ロイコ染料）
1997	(E Ink 社設立)				ポイントカードに実用
1998					
1999	ビルボードサイン類（E Ink 社）				
2000				Rocket eBook, SoftBook (GemStar)	
2001					Suica に採用（JR 東日本）
2002					
2003					
2004	LIBRIé（ソニー）		Σ Book（松下）		
2005	フレキシブル設備時計（シチズン）				
2006	スペクトラム（セイコーウオッチ）Sony Reader（米 Sony）iLiad（iRex）Motofone（Motorola）残量表示 USB メモリ（Lexar）	Albirey（日立・ブリヂストン）		Words Gear（松下）	
2007	Kindle（Amazon）		FLEPia（富士通）		

トワーク技術の急速な発達に伴い，情報源として印刷物の優位性が崩れ，また資源問題への切迫感の高揚もあって，紙でも現状のディスプレイでよしとしない，より理想的な情報媒体を待望する機運・需要の高まりが，電子ペーパーの開発を促したと考えることができる．

　電子ペーパーの分野では，さまざまな表示技術が競い合う状況にあるが，今

のところ（2008年時点）少なくとも製品開発と販売実績に関し，電気泳動表示の優位性が目立つ。しかし，これは電気泳動表示技術の開発・製品化が今のところ時間的に先行していると解釈すべきであり，電気泳動表示方式の素性が他を圧倒し，今後他の技術を駆逐するとは必ずしも予想されない。電子ペーパーのさまざまな表示方式には，プリンタ技術の現状と同様に適材適所の棲み分けが期待される。また電子ペーパーがまだ揺籃期にあることを考慮すると，現在の後発的な技術や今後新たに開発される技術にも，普及期に至って最も広く使われる方式としての地位を得るチャンスが十分にあると考えるべきであろう。

　いずれにせよ，電子ペーパーの概念は，書籍・新聞など，これまで印刷技術の占有下にあった市場が電子表示技術の新たな巨大市場として待機中であることを示唆している。

▼参考文献
1) 松浦一雄編：『高分子材料の最先端技術』，工業調査会，pp.92-98, 2007.

索引

[英数字]

5段階主観評価	109
a-Si TFT	102
AFD	65
AHP	115
BBeB	131
BiNem 方式	51
CMOS 構造	102
CO_2 排出量	155
CSCW	177
ECD	57
eNews プロジェクト	145
EV-DO	132
FA	153
FAX 新聞	141
IC タグ	153
Ifra	144
iMoD	65
IT	178
JBMIA	176
PEN	102
PNLCD	52
POP 広告	166
RF-ID	150
TFD	97
TFT	97
WiFi	133
WiMAX	146
ZBD 方式	51

[あ]

アナログメディア	186
アラビアゴム	19
アンカリング	51
安息角	26
アンビエント	174
イオンフローヘッド	54
イオン流書き込み装置	54
インクジェット印刷	100
映像・動画用途	2
液架橋力	27
駅構内電子広告	164
液晶状態	44
液体現像法	10
液体プロセス	103
閲覧技術	188
エリアカラーパネル	32
エレクトロデポジション	60
オーダーメイド紙面	136
オフィスシーン	156
オフィス文書	148

[か]

会議資料	157
開口率	98
階層化意思決定法	115
回転ディスク法	37
界面活性剤	13
化学変化タイプ	75
拡散層	14
学会予稿	157
カーボンブラック	17
紙需要	160
過冷却現象	79
着せ替え	169
キャリア移動度	102
凝集	16
屈折率異方性	47
駆動手段	8
くり返し耐久性	84
クロストーク	96
クロモジェニクス	55
顕色剤	76, 81, 89
高速応答性	29
国際標準	128
固定層	14
コレステリック液晶方式	7

[さ]

再販制度	134
作業効率	109
サーモトロピック・コレステリック高分子液晶	85
酸塩基解離	13
酸化還元反応	56
酸化チタン	17
酸化チタンナノクリスタル	62
閾値電圧	99
磁気ツイストボール方式	40
資源・環境問題	140
実証実験	161
市民記者	135
自由保持	122
主観評価	110
シュテルン層	14

消色トナー　　　　　　90
情報配信実証実験　　　162
情報用紙使用量　　　　148
情報流通の双方向性　　135
触感　　　　　　　　　174
新概念の新聞　　　　　136
信号線　　　　　　　　96
水平置き　　　　　　　114
スクロール形式　　　　112
スタティック　　　　　94
ステンレス箔基板　　　102
ストークス抵抗　　　　11
すべり面　　　　　　　14
正解率　　　　　　　　109
世界新聞技術協会　　　144
積層型コレステリック
　ディスプレイ　　　　49
セグメント　　　　　　94
ゼータ電位　　　　　　14
選択反射現象　　　　　47
走査線　　　　　　　　96
速報性　　　　　　　　140

[た]

ダイナミック駆動　　　48
ダイナミックドライブ
　方式　　　　　　　　100
立て掛け　　　　　　　114
短期記憶能力　　　　　114
単純マトリックス駆動
　　　　　　　　　　　95
調光ガラス　　　　　　58
長鎖アルキル基　　　　81
長鎖顕色剤　　　　78, 83
対イオン　　　　　　　12
追記機能　　　　　　　5

デジタルサイネージシ
　ステム　　　　　　　163
デジタルメディア　　　186
鉄道車両内広告　　　　164
手持ち　　　　　　　　114
電解析出　　　　　　　60
電荷制御剤　　　　　　13
電気泳動　　　　　　　10
電気泳動移動度　　　　11
電気泳動記録方式　　　7
電気泳動速度　　　　　11
電気泳動電流測定　　　23
電気化学還元反応　　　57
電気鏡像力　　　　　　27
天気予報表示装置　　　171
電子壁掛け新聞　　　　162
電子教科書　　　　　　145
電子コミック　　　　　130
電子辞書　　　　　　　130
電子書籍コンソーシア
　ム　　　　　　　　　124
電子書籍市場　　　　　129
電子書籍リーダー　　　123
電子値札　　　　　　　165
電子配信新聞　　　　　136
電子粉流体　　　　　　26
電子ペーパー腕時計　　166
電子ペーパーコンソー
　シアム　　　　　　　176
電子ペーパー新聞　　　137
電子ペーパーの目標概
　念　　　　　　　　　3
読書端末の比較　　　　125
ドットコムビジネス　　124
ドットマトリックス　　94

[な]

濡れ性　　　　　　　　69
ネグロポンテ　　　　　125
熱膨張係数　　　　　　101
脳波　　　　　　　　　107
ノズル法　　　　　　　38

[は]

媒体変化　　　　　　　8
白濁状態　　　　　　　79
薄膜ダイオード　　　　97
薄膜トランジスタ　　　97
パソコン新聞　　137, 139
発光型表示　　　　　　1
パッシブ駆動　　　　　48
発色・消色プロセス　　82
反射・メモリ型表示　　1
半導体レーザ　　　　　86
ビオローゲン誘導体　　61
光アドレス型　　　　　48
非晶質シリコン　　　　101
疲労度　　　　　109, 115
ファンデルワールス力
　　　　　　　　　　　27
フォーカルコニック状
　態　　　　　　　　　45
複数枚同時閲覧　　　　122
物理変化タイプ　　　　75
物流管理　　　　　　　153
古新聞　　　　　　　　140
フレキシブル性　　　　6
プレーナ状態　　　　　45
分散安定性　　　　　　18
分散液　　　　　　　　16
文理融合プロジェクト
　　　　　　　　　　　181

ページ送り形式	112	マルチプレックス	94	読みやすさ	106
ページ全体表示	122	無色化原理	89		
ペーパーライクディスプレイ	1	文字・静止画用途	2	**[ら]**	
		文字・背景濃度	107	ラクトン環	89
防眩ミラー	58	問題消化率	109	らせんピッチ	46
防災	164			立体障害	19
保持容量	97	**[や]**		リップマン-ヤングの式	69
ポスター広告	163	やおよろずプロジェクト	178	リライタブルICタグシート	152
ホメオトロピック	47	有機EL	1	リライタブルプリンタ	151
[ま]		ユニバーサルデザイン	174	リライタブルペーパー	1, 150
マイクロカプセル	7, 16	ユビキタス	171	レゼコー	141
マイクロチャンネル法	38	ユビキタス社会	189	ロイコ染料	89
曲げ・巻き取り	6	ユビキタス情報社会	178	ロールツーロール	34
マルチゲートトランジスタ	98	ユビキタスライフ	179		
		溶融紡糸法	40		

監修者・執筆者一覧

◎監修者

　面谷　信　　東海大学

◎執筆者（執筆順）

面谷　信	東海大学	1, 6章, 7.1節, 7.3.1項, 9章
北村孝司	千葉大学	2.1節
増田善友	ブリヂストン	2.2節
前田秀一	王子製紙	2.3節
有澤　宏	富士ゼロックス	3.1節
小林範久	千葉大学	3.2節
雨宮　功	東芝	3.3, 3.4節
堀田吉彦	リコー	4.1節
高山　暁	東芝	4.2節
小松友子	セイコーエプソン	5章
植村八潮	東京電機大学出版局	7.2節
引野　肇	東京新聞	7.3.2項
鈴木　明	リコー	7.4節
鈴木　薫	日立製作所	7.5節
檀上英利	凸版印刷	7.6節
関根千佳	ユーディット	8章

日本画像学会 (The Imaging Society of Japan)
　http://www.isj-imaging.org/isj.html
　〒164-8678　東京都中野区本町 2-9-5　東京工芸大学内
　Tel. 03-3373-9576　Fax. 03-3372-4414
　E-mail: info@isj-imaging.org

日本画像学会　創立50周年記念

シリーズ「デジタルプリンタ技術」
電子ペーパー

2008年 6月20日　第1版1刷発行	編　者　日本画像学会
	監　修　面谷　信
	学校法人　東京電機大学
	発行所　東京電機大学出版局
	代表者　加藤康太郎
	〒101-8457
	東京都千代田区神田錦町 2-2
	振替口座 00160-5-71715
	電話　（03）5280-3433（営業）
	（03）5280-3422（編集）
印刷　三美印刷(株)	© The Imaging Society of Japan
製本　渡辺製本(株)	2008
装丁　川崎デザイン	Printed in Japan

　＊本書の全部または一部を無断で複写複製(コピー)することは，著作権法上での例外を除き，禁じられています。小局は，著者から複写に係る権利の管理につき委託を受けていますので，本書からの複写を希望される場合は，必ず小局(03-5280-3422)宛ご連絡ください。
　＊無断で転載することを禁じます。
　＊落丁・乱丁本はお取替えいたします。

ISBN 978-4-501-32640-1　C3055

光学の知識	山田幸五郎 著	3885円
光技術入門	堀内敏行 著	2835円
色彩工学 第2版	大田 登 著	4725円
画像処理工学	村上伸一 著	2310円
カラー画像処理とデバイス	画像電子学会 編	4305円
画像処理応用システム	精密工業会画像応用技術専門委員会 編	3570円
初めて学ぶ基礎電子工学	小川鑛一 著	3255円
アナログ電子回路の基礎	堀 桂太郎 著	2205円
ディジタル電子回路の基礎	堀 桂太郎 著	2310円
ディジタルIC回路のすべて	白土義男 著	3885円
画像電子情報ハンドブック	画像電子学会 編	29400円
技術は人なり。―丹羽保次郎の技術論―	東京電機大学 編	1680円

定価は変更されることがあります。ご注文の際はhttp://www.tdupress.jp/にてご確認ください。